# 小动物牙科技术

郑江平　濮俊毅　主编

上海交通大学出版社
SHANGHAI JIAO TONG UNIVERSITY PRESS

**内容简介**

　　本书以犬、猫、兔、啮齿类动物、雪貂等小动物牙科诊疗技术为主线，按照接诊、检查、诊断、治疗、住院和出院等流程，重点介绍了小动物常见牙科问题，以及麻醉、影像检查、洁牙等牙科临床检查技术。本书可作为高职院校畜牧兽医专业教材。

**图书在版编目（CIP）数据**

　　小动物牙科技术 / 郑江平，濮俊毅主编 . -- 上海：上海交通大学出版社，2023.12
　　ISBN 978-7-313-29230-8

　　Ⅰ.①小… Ⅱ.①郑… ②濮… Ⅲ.①兽医学—牙科学 Ⅳ.① S854

　　中国国家版本馆 CIP 数据核字〔2023〕第 146850 号

**小动物牙科技术**
XIAODONGWU YAKE JISHU

主　　编：郑江平　濮俊毅
出版发行：上海交通大学出版社　　　　　　　　地　　址：上海市番禺路 951 号
邮政编码：200030　　　　　　　　　　　　　　电　　话：021-64071208
印　　制：上海新华印刷有限公司　　　　　　　经　　销：全国新华书店
开　　本：787mm×1092mm 1/16　　　　　　　印　　张：12.5
字　　数：225 千字
版　　次：2023 年 12 月第 1 版　　　　　　　　印　　次：2023 年 12 月第 1 次印刷
书　　号：ISBN 978-7-313-29230-8
定　　价：68.00 元

# 编　委　会

**主　编**　郑江平（上海农林职业技术学院）

　　　　濮俊毅（上海伴宠医互联网宠物医院有限公司）

**副主编**　孙　毅（上海农林职业技术学院）

　　　　陈德举（瑞派乔登宠物医院）

**编　者**（以姓名笔画为序）

　　　　王　蔚（台北市不莱梅特殊宠物专科医院）

　　　　姚志权（上海霍夫动物医院）

# 前言

## PREFACE

随着社会经济的发展和城市化进程的加速，特别是犬、猫等宠物在人们心目中的地位逐渐提升，主人对爱宠的健康状态更加关注，宠物医疗行业快速发展，市场对宠物医生的需求越来越大。宠物医院的规模由小变大并走向集团化，小动物医学分科越来越细，临床执业专科化程度越来越高，国际化趋势明显，对从业人员的要求明显提高。但目前与小动物牙科相关的教材匮乏，特别是在高职教育中没有可以参考的教材。

本书遵循"理论够用""技能突出"的原则，以犬、猫、兔、啮齿类动物、雪貂等小动物牙科诊疗技术为主线，按照接诊、检查、诊断、治疗、住院和出院等流程，重点介绍了小动物麻醉、影像检查、洁牙等临床技术，以及小动物牙科常见问题。本书根据牙科岗位要求，按照学生职业成长过程，基于从感性到理性、从简单到复杂、从具体到抽象的认知规律，设置了理论学习和技能训练等内容。

本书分为11个项目，涵盖了小动物牙科技术人员在实践中可能需要的知识和技能，强调了小动物牙科技术人员利用专业知识与宠物主人沟通的重要性，以及在小动物牙科诊疗中需要遵循的职业道德。

本书适用于动物医学专业、宠物诊疗技术专业的学生，以及有意提高牙科技能水平的在职医师和医师助理。

由于时间仓促、编者水平有限，书中存在的疏漏和不妥之处，敬请读者批评指正。

# 目 录

· · · · · · · · · · ·

## CONTENTS

# 项目一

# 动物牙科职业道德认知

---

### ·学习目标·

❶ 了解动物牙科执业条件。

❷ 了解如何科学地服务客户。

❸ 了解兽医职业道德。

众所周知，作为职业生涯的开端，医生要宣誓希波克拉底誓言，护士要宣誓南丁格尔誓词，兽医从业人员同样也有相似的宣誓，具体主要包含三个方面的内容：

一是减除动物痛苦，加强公共卫生安全，向动物提供卓越的护理和服务；

二是恪守职业道德规范，认真细致执业；

三是终身学习，精益求精。

兽医从业人员都应该以维护职业荣誉为己任，同时应该在专业领域促进人和动物的相关福祉，守护动物健康。

## 一、执业资格条件

兽医从业人员只有在依法获得执业资质后方可登记执业。未完成登记的不得执业，不得进行动物诊疗。现行规定下的兽医从业人员包括兽医师和助理兽医师。执业资质指我国农业农村部颁发的执业兽医师资格证书、执业助理兽医师资格证书。

政府相关管理部门规范执业资格的考核认定以及相应的抬头称谓。执业人员应严格遵照规定，在执业场所和公开场合使用相关的称谓，并依法公示。

## 二、服务宠主客户

### 1. 科学服务客户

不论客户的性别、年龄、种族、健康状况如何，兽医从业人员提供商业服务，应铭记其主要职责是保护人和动物的健康，不得持有主观偏见。兽医从业人员应只在执业场所从事被主管部门许可的、执业范围内的工作内容。兽医从业人员服务于客户，提供商业服务，应恪守客观、科学的精神，在客户知情、同意的前提下进行动物诊疗服务。当客户的要求（需求）与现行法律法规相抵触时，应在予以解释说明后，及时劝阻，对于不听从劝阻的客户，应拒绝其相关要求。

### 2. 诚信审慎

临床治疗服务不是科学研究，兽医从业人员应该进行力所能及的诊疗工作。如所需服务涉及超出从业人员能力的内容，则应礼貌、耐心地向客户解释，推荐其转诊到其他有能力的动物诊疗机构，商业利益不应凌驾于动物福利之上。此外，诚信审慎是兽医从业人员应恪守的准则，不应对治疗结果做出保证或不合理的承诺。

### 3. 满足转诊要求

兽医从业人员有责任向宠主提供相关专业信息，以便宠主了解并选择所要实施的治疗。治疗前必须获得宠主的许可，并就治疗费用达成协议。治疗中更改治疗计划在很多情况下是不可避免甚至必须的，兽医师应在第一时间给出全面合理的解释。宠主指定了转诊机构，要求转出患宠，则应满足宠主要求，配合患宠以及病历资料转出，如出于专业技术考虑，有具有说服力的不予转诊的理由，则应再次向宠主说明。接收转诊的动物医院或兽医师，一般应在处置完转诊病例后，将动物转回原诊疗机构。

### 4. 恪守保密原则

兽医从业人员应恪守保密原则，未经患宠主人同意，不得向外披露相关诊疗信息，应法律法规、司法机构的特别要求，以及为了保护患病动物利益或社会公众利益的情况除外。

### 5. 其他工作要求

兽医师以及兽医助理有责任充分、准确地记录所有病例，并确保记录存档，直至满足最低的法定年限要求。

当兽医从业人员需要委托同事、同行进行相关诊疗操作时，需确认受委托人是有能力提供此类服务或治疗的从业人员。

建议在进行诊疗操作，特别是存在风险的操作时，至少要有 2 名兽医从业人员在场。

在开展了宠物医疗执业保险的地区，兽医从业人员还有义务参保，以规避医疗意外和不当执业造成的经济损失。

### 三、兽医职业道德

**1. 从业人员职责**

兽医从业人员应不忘初心、负重前行。初心是指促进、改善人和动物的健康。负重前行是指有担当、有责任心，遇到困难不放弃。所有兽医从业人员，应确保自己的形象与专业人士的身份相符，努力维护公众对本从业群体的尊重。临床兽医从业人员还有义务保护患者、客户、员工、同事和自己免受职业危害（比如辐射、交叉感染等）。

兽医从业人员，包括兽医师和兽医师助理，均应参加继续教育活动来更新专业知识及技能。兽医从业人员应积极参加协会、学会组织的学习交流，分享自身的临床经验和研究成果。兽医从业人员应维护行业荣誉，避免任何不专业的行为、不当声明影响整个行业的声誉，甚至误导大众。动物诊疗服务有特殊性，从业人员不得在没有确实证据的前提下，公开评论同行的服务或者治疗。

**2. 职业道德要求**

职业道德也是兽医从业人员应掌握的一项临床技能。在兽医从业人员中，兽医师和兽医助理分工略有不同，所涉及的伦理学和道德上的考虑也有差异。兽医执业又涉及非常广泛的工作领域（如养殖场、动物园、实验室和宠物诊所等），本书只限讨论与小动物牙科工作相关的职业道德。

兽医从业人员在刚执业时，常常会遇到没有足够把握的情况，常感到没有自信做一些医疗决策，或者给予专业意见。但即便如此，还是需要根据岗位职责做决策或给意见。建议根据技术流程按部就班地进行具体操作，积累了个人经验后就能有效解决上述问题。

**3. 过度医疗的后果**

与客户沟通时，将"能"误解为"应该"。有时宠主会因为其他因素（比如财务和技术原因）纠结是否采用某种治疗方案。"能做"不是"该做"，比如说全口拔牙是治疗猫口炎的一种有效疗法，但主人担心爱猫术后的饮食，会有很大的顾虑。

避免过度医疗。虽然兽医治愈病患的意愿可以理解，但为了避免一味冒险求胜，要充分衡量治疗带来的痛苦和风险。只有治疗本身优于不治疗或者安乐死操作时才施行。

虽然兽医从业人员执业的宗旨是减轻动物的痛苦和帮助宠主、社会公众，但有时候相关的医疗操作会不可避免地造成一些副作用（见表1-1）。

通常对于一个宠物病例会存在多种治疗手段，比如外科手术、内科服药、营养调理和介入改善，以及仍有争议的安乐死。

表 1-1　动物医疗操作副作用表

| 动物 | 实施医疗 | 直接作用 | 间接作用 |
| --- | --- | --- | --- |
| 就诊宠物病例本身 | 美容或者性能增强治疗 | 医疗反应（发炎、红肿等） | 重复禁忌措施，譬如预防性抗生素施用 |
| 涉及其他动物个体 | 捐血、肾移植 | 排异反应 | 生命得以延续，但生存质量低下 |

## 四、临床咨询服务

客观上宠主本身也参与了宠物诊疗的各环节，比如宠物运输、抓取保定、给药等。他们身处观察宠物临床症状的第一线，能向兽医提供很多有用的信息。宠主的配合，比如是否按处方服药，是否带宠物复诊更是直接决定了医疗质量。当然，宠主也可能不认可兽医的结论，不接受专业的处理意见。对于宠物诊疗中的不同方案，宠主常常不知道怎么取舍。兽医没必要也不可能说服每位宠主，但需要与客户沟通，个性化的沟通有助于消除误解，给宠物提供更理性、更优质的医疗服务。比如面对宠主对于安乐死操作的道德顾虑，兽医应该具体问题具体分析，采用不同的沟通方式。（见表1-2）。

表 1-2　宠主对于安乐死操作的道德顾虑及沟通方式

| 具体说辞 | 潜在动机 | 沟通方式 |
| --- | --- | --- |
| 个人兴趣 | 避免悲伤或者不便 | 死亡不可避免，"安乐"只是提前 |
| 不愿寻求其他治疗 | 无力支付 | 根据预算来决定治疗方案或给宠物安排新家 |
| 希望尽力而为 | 认为花钱越多越有爱 | 治疗花费多寡与疗效无关 |
| 希望避免决策 | 麻痹自己，不做致命决策 | 致命决策也是养宠责任的一部分 |

续表

| 具体说辞 | 潜在动机 | 沟通方式 |
|---|---|---|
| 反对主动"安乐" | 崇尚"自然"死亡 | "安乐"是善举（在合法的前提下） |
| 担心做了错误的决策 | 安乐死操作不可逆 | 所有操作均不可逆 |
| 希望保命，无所谓生存质量 | 生命无价 | 考虑沉没成本、生命尊严 |
| 希望"复盘"之前的决策 | 不想过往的努力白费；不想正视过往的决策失误 | 对错应时而异 |

有些兽医可能会认为宠主享有自由选择的权利，不该去左右其选择。其实兽医向宠主提供的任何信息，都会影响其判断和决策，很多建议也是宠主主动寻求的。虽然宠主拥有宠物，并支付诊疗费用，但由于行业特殊性，兽医从业人员应该基于人和动物的健康福祉，再结合宠主的需求和自身临床经验及技术能力来提出建议，必要时应拒绝相关的服务要求。

兽医经常需要向宠主详尽说明治疗方案，解释并发症的可能性，以获得宠主的认可和许可。虽然获得宠主许可后也未必实施治疗（须视实际情况而定），但没有宠主许可会极大束缚兽医执业。

条件许可是指动物临床指征满足一定要求的情况下进行兽医服务。但这属于兽医服务实施的必要非充分条件。除非遇到紧急情况或生命受到危及，需要先行救治，否则均强烈建议获得宠主许可后再进行诊疗服务。

除了医疗技术，从事小动物诊疗服务还需要考虑宠主的道德准绳和医疗动机。这会使从业人员常常怀疑自己的专业判断。建议在遵守行为准则的前提下，应充分考虑宠主道德观和宠物医疗服务的结果，再做具体决策，在负面行为清单之外尽可能服务客户。

兽医从业人员应该在如实告知宠主宠物病情的同时，富有同理心，尤其是在告知一些敏感的信息，比如宠物过世以及相关后续事宜时。

爱宠的亡故会给宠主带来很复杂的负面情绪，尤其是深深挫败感。兽医从业人员应尊重生命、养成最后的善意观，比如适当延迟执行安乐死，延长宠主和爱宠告别的时间。

## 五、牙科收费条件

兽医服务需要收取服务费用，收取的服务费用主要用于诊疗机构的运营。此外，大多数宠物医院都是私营性质的，必须要向股东负责，即使一些公益性质的动物诊所也需要依赖捐款或拨款以维系运营。

## （一）收费问题

实际工作中会遇到客户无力支付或者不愿意支付相关动物的诊疗费用，例如一些客户本身是非盈利机构或者公益组织，还有一些就诊病例属于流浪或者野生动物。如遇这种情况，兽医从业人员该如何处理呢？其实这并没有标准答案，需要从以下方面去考虑。

（1）哪一方应该承担本次动物诊疗的费用？该病例的接诊兽医能否影响宠物主人的治疗预算？动物医院规定什么时候收取费用？

（2）诊疗费用的结算是按照个性化的标准还是适用常规费率？患宠是否已购买动物诊疗保险？

（3）流浪动物和野生动物的救治，应该免费吗？是否有其他资助渠道？

很多社会人士认为兽医从业人员或者动物医院就应该提供免费救治。但这样的想法有失偏颇，让其他付费客户去变相补贴是极为不公平的，而且动物医院或者兽医个人提供免费救治也会诱导宠物主人遗弃患病动物。另一些社会人士可能认为动物医院也应和一般医院一样，享受政府机构的拨款。但事实上饲养宠物并非所有人的需求和选择，由政府免费救治也是一种公众资源的不公平分配。综上所述，宠物主人或者送医人士是最应该支付兽医服务费用的一方。兽医从业人员不可能强迫宠物主人付费，但提供免费的诊疗服务等同于剥削已付费宠主的权益。

## （二）收费依据

目前国内宠物诊疗市场尚不健全，宠物诊疗的收费面临两难的境地。基于所使用的技术和耗材设备等定价，会使自身的服务缺乏市场竞争力。由市场中的"无形之手"来随行就市，一方面可能使得宠物医院为了追求利润最大化，去提升工作效率和服务质量，但另一方面客观上会导致价格比贱、服务质量比轻，以及院内就诊病例锐减。建议兽医从业人员自行设定收费标准以及相应的医疗服务标准，从整体层面上促进动物福利的同时，使运营得以维系。

兽医的诊疗方案不应考虑保险理赔的额度和覆盖疾病的种类，切忌在专业意见中掺入涉及保险理赔的因素。就病论病，客观公正的判断是赢得社会尊重的基石。不公平不公正的理赔会损害其他参保人的权益。促进宠物整体福祉需要健全的诊疗理赔体系，这包括不使参保客户受到价格歧视。注意避免违反市场监督管理局和相关保险条款。

兽医师个人或者动物医院提供义诊或者免费服务，本身是高尚和仁爱的，但千万慎之又慎，除了考虑公平性之外，还应考虑商业上的持续性。

如果相关诊疗服务涉及捐助或者拨款，那么建议只收取成本费用。对于上述费用的使用一般有特别的规定，必须严格遵守，避免法律隐患和道德风险。

# 项目二

# 小动物牙科接诊

· 学习目标 ·

❶ 了解小动物牙科助理的定位。

❷ 熟悉小动物牙科助理的岗位职责。

❸ 了解小动物牙科接诊的沟通流程。

作为所有小动物牙科病例接诊的主角，小动物牙科助理不仅是向宠主提供牙科服务的第一岗位，而且代表诊疗机构的形象。简言之，小动物牙科诊所的开设离不开专科兽医，但运营成功的小动物牙科诊所必定有一支成熟的小动物牙科助理团队。

# 任务一 岗位认知

### 一、小动物牙科助理定位

小动物牙科助理是服务于牙科兽医师，还是服务于牙科诊疗业务？从表面看，这个岗位是服务于牙科专科兽医师的，但事实上其助力的是整个牙科业务，更应该具备全局观念。通常很多小动物牙科助理的职业发展方向会是业务部门，甚至动物诊疗机构的负责人。

### 二、小动物牙科助理岗位职员职责

接诊虽说是专科业务的一个技术环节，但也包含了一些管理和客户服务的内容。例如，依据客户资料，熟悉乃至参与编排相关的预约、到访，确保每个病例在医院内依序进行诊疗，发生意外和延误时能够合理调整。宠主可能会当面、通过电话或社交媒体咨询专业问题或者进行投诉等，这时也需要小动物牙科助理及时地收集、对接和回复。

小动物牙科助理大多服务于私营的动物诊疗机构，其工作时间是全天候、全周制的，当然会有轮值排班，但大多数情况下雇主希望上岗的人可以独当一面，独立处理一些日常事务。由于需要经常查询和更新预约，所以小动物牙科助理要熟练操作常用的办公系统，可能还需要熟练操作手持移动设备、台式电脑、笔记本电脑、平板电脑等。处理各类内部文件、收付款通常也是该岗位的岗位要求。

# 任务二　宠主客户沟通

小动物牙科接诊工作涉及与宠物主人的直接沟通，要求小动物牙科助理保持礼貌，遇到突发情况处事不惊、沉着冷静、宠辱不惊、专业严谨地回答客户的所有口头、书面的问询；还需要在宠物主人面前或者公共区域完成一些简单的操作，以及一些日常物料的库存管理工作。因此，小动物牙科助理虽无需替代兽医师，但要熟悉相应的技能；在体能上还要能独立搬运一定重量，比如 25 kg 的物料或者宠物个体，并可能需要膝盖着地操作。

## 一、接诊基本流程

接诊的基本流程如下：

（1）在宠物主人和患宠到院时迎接他们，平时接听电话或者回复网络咨询；

（2）有序安排或取消患者预约；

（3）准备、制备牙科图表和登记各患宠的治疗计划；

（4）填写并提交宠物医疗保险单和宠物牙科账单；

（5）管理院内物料和用品；

（6）处理并归档宠物各类检查结果；

（7）文档的创建、扫描、归档等。

## 二、接诊岗前准备

要理想地完成上述工作内容，需要全面的知识储备，对整个小动物牙科诊疗业务有全面了解，预估各个环节中可能遇到的挑战并做好相应的准备。这里说的知识不只是动物医学知识，还包括国家法律法规，以及当地的风土民俗和所在动物诊疗机构具体的业务背景。

个人执业前要重新审视自身的志趣和能力，以及是否能够胜任相应的岗位，需要补齐哪些"短板"。后面章节主要介绍兽医牙科技术，而一些人际沟通技巧、线上线下交流技巧、病例预约管理与内部物料管理技巧则需要在具体实践中持续提升。

# 项目三

# 小动物牙科麻醉镇痛管理

•学习目标•

❶ 提高麻醉规程（从诱导到复苏）的成功率。

❷ 了解疼痛及其对患宠的影响。

❸ 制定并实施有效的宠物疼痛管理方案。

**有** 些宠主排斥专业牙科护理不是因为额外收费，而是对麻醉操作存在顾虑。宠主缺乏对宠物麻醉操作的了解，盲目推迟或者拒绝口腔牙科保洁、保健，会导致宠物患上原本可避免的牙周病。应向宠主解释麻醉虽然存在风险，但是利大于弊。同时应该钻研相关麻醉技术以及监护技术，最大限度地减少风险，减轻宠主对麻醉副作用的恐惧。

宠物麻醉操作成功的关键在于兽医团队的经验积累、充分做好各项准备工作、麻醉设备和药品的可靠性，以及对各麻醉环节的密切监护。术后镇痛方案也是麻醉计划的重要组成部分，有助于保证牙科治疗和术后康复的整体成效。

# 术前评估操作

全面的麻醉前评估是降低宠物牙科麻醉风险的第一步。在任何麻醉程序开始之前，都应进行全面体检、详细的病史资料回顾以及全面的实验室检查，特别是那些脾性暴躁的宠物。

在麻醉程序开始之前，必须根据各种标准评估患者的需求，这些标准包括但不限于患宠的年龄、品种、体重、拟进行的手术操作的种类以及与麻醉相关的任何生理病理状态。

## 一、麻醉前最常见的检查

主要检查器官功能是否正常。

### 1. 全血细胞计数

全血细胞计数主要用于排除任何贫血和感染。图 3-1 为 6 岁公犬血常规检查化验单。

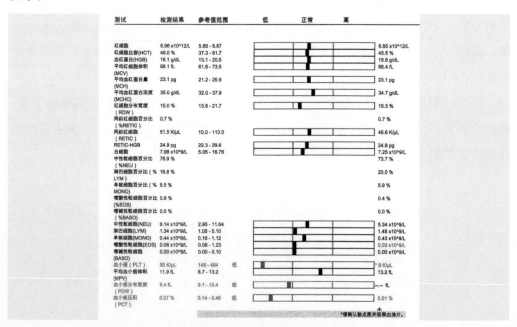

图 3-1　6 岁公犬血常规检查化验单

## 2. 血生化检查

根据不同症状，进行术前生化和综合生化检查，犬、猫生化检查化验单如图 3-2 至图 3-5 所示。

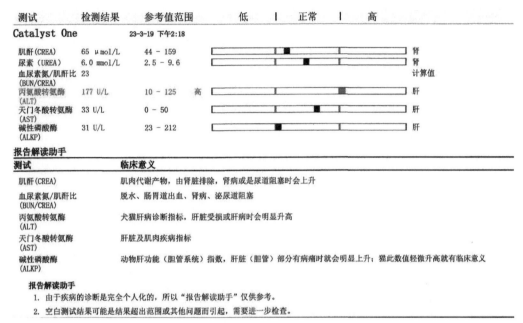

图 3-2　2 岁公犬术前生化检查化验单

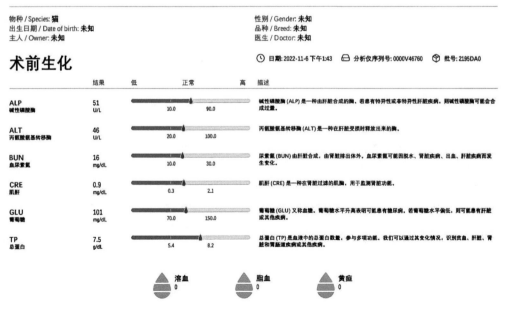

图 3-3　猫术前生化检查化验单

图 3-4　6 岁公犬综合生化检查化验单

图 3-5　猫综合生化检查化验单

## 3. 电解质检查

图 3-6 为犬电解质检查化验单。

**结果**

| 分析物 | 结果 | 单位 | 可报告范围 | 参考范围 | 临界值范围 | 状态 |
|---|---|---|---|---|---|---|
| pH | 7.323 | | 6.500 - 8.000 | 7.250 - 7.400 | 5.500 - 9.000 | |
| pCO2 | 34.7 | mmHg | 5.0 - 250.0 | 33.0 - 51.0 | 4.0 - 251.0 | |
| pO2 | 54.4 | mmHg | 5.0 - 750.0 | 45.0 - 55.0 | 4.0 - 751.0 | |
| Na+ | 155 | mmol/L | 85 - 180 | 147 - 162 | 84 - 181 | |
| K+ | 3.9 | mmol/L | 1.5 - 12.0 | 2.9 - 4.2 | 0.5 - 12.1 | |
| Cl- | 125 | mmol/L | 65 - 140 | 112 - 129 | 64 - 141 | |
| Ca++ | 1.19 | mmol/L | 0.25 - 4.00 | 1.20 - 1.32 | 0.00 - 5.00 | 低 |
| TCO2 | 18.3 | mmol/L | 5.0 - 50.0 | 16.0 - 25.0 | 4.0 - 51.0 | |
| Glu | 10.7 | mmol/L | 1.1 - 38.5 | 3.3 - 7.2 | 1.0 - 38.6 | 高 |
| Lac | 2.88 | mmol/L | 0.30 - 20.00 | 0.50 - 2.70 | 0.00 - 21.00 | 高 |
| BUN | 19 | mg/dL | 3 - 120 | 15 - 34 | 2 - 121 | |
| Crea | 78 | μmol/L | 27 - 1326 | 88 - 195 | 26 - 1327 | 低 |
| Hct | 34 | % | 10 - 75 | 24 - 40 | 9 - 76 | |
| cHgb | 11.5 | g/dL | 3.3 - 25.0 | 8.0 - 13.0 | 2.3 - 26.0 | |
| cHCO3- | 18.0 | mmol/L | 1.0 - 85.0 | 13.0 - 25.0 | 0.0 - 86.0 | |
| BE(ecf) | -8.1 | mmol/L | -30.0 - 30.0 | -5.0 - 2.0 | -31.0 - 31.0 | 低 |
| BE(b) | -7.3 | mmol/L | -30.0 - 30.0 | -5.0 - 2.0 | -31.0 - 31.0 | 低 |
| cSO2 | 85.7 | % | 0.0 - 100.0 | 90.0 - 100.0 | -1.0 - 101.0 | 低 |
| AGapK | 17 | mmol/L | -10 - 99 | 10 - 27 | -11 - 100 | |
| BUN/Crea | 21.6 | mg/mg | 0.2 - 400.0 | 0.2 - 400.0 | 0.1 - 400.1 | |

图 3-6　犬电解质检查化验单

## 4. 尿液分析

图 3-7 为 3 岁公犬尿液检查化验单。

| 测试 | 检测结果 | 参考值范围 | 低 | 正常 | 高 |
|---|---|---|---|---|---|
| 收集 | 自由采集 | | | | |
| 颜色 | 琥珀色 | | | | |
| 澄清度 | 浑浊 | | | | |
| 比重 | 1.033 | | | | |
| 酸碱度(pH) | 6.5 | | | | |
| 白细胞(LEU) | 100 Leu/μL | | | | |
| 蛋白质（PRO） | 100 mg/dL | | | | |
| 血糖(GLU) | 阴性 | | | | |
| 酮体(KET) | 阴性 | | | | |
| 尿胆原（UBG） | 1 mg/dL | | | | |
| 胆红素（BIL） | 阴性 | | | | |
| 潜血（BLD） | 250 Ery/μL | | | | |

Confirm all leukocyte results with microscopy

建议 UPC。考虑尿沉渣结果。

明显血尿伴蛋白尿：考虑炎症、感染、尿路结石、肿瘤形成和出血。视情况，考虑进行影像学诊断或检查出血性疾病。
缓解后重新评估蛋白尿。

潜血：评估尿沉渣以区分出血和潜血。

图 3-7　3 岁公犬尿液检查化验单

## 二、麻醉前的心电图（ECG）

麻醉前的心电图对排除任何心律失常很重要。犬心电图检测如图 3-8 所示。

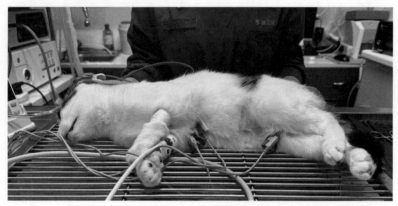

图 3-8　犬心电图检测

最常见的犬猫心律失常是同步性房室（AV）分离，这是一种心室除极率与心房率非常接近但缺失 AV 传导的特发性心室节律（如图 3-9 所示）。其通常是由窦性心动过缓引起的，通常会自发消退，如果心率足够，可能不需要治疗。这种缓慢性心律失常可能对抗胆碱能药物有反应。

其他心律失常，包括室性和房性早搏及其他室性快速性心律失常是罕见的，其可能是结构性心脏病所致，临床兽医师应与宠主讨论，进一步进行心脏检查。在麻醉猫中，室性心律失常可能对利多卡因（0.25 ~ 0.50 mg/kg IV）有反应，室上性心律失常对艾司洛尔（0.10 ~ 0.50 mg/kg IV）有反应。

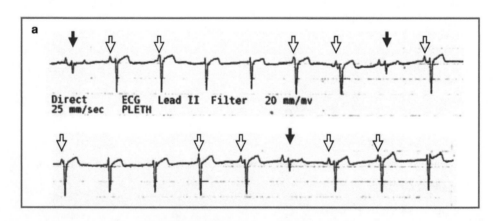

图 3-9　麻醉猫心电图检测图

注：麻醉猫的心电图显示同步房室分离。注意黑色箭头所指的 QRS 波群和灰色箭头所指的正常传导的 QRS 波群的区别。可见 P 波（空心箭头）被交界性逃逸搏动所掩盖，表明交界性除极速度略快于窦房结去极化。该心电图轨迹以 25 mm/s 的纸速记录。

### 三、X 光影像检查

对于老年和口腔肿块疑似肿瘤的患宠要进行麻醉前筛查。

### 四、心脏检查

对于怀疑患有心脏病的宠物（表现为咳嗽、毛细血管再充盈时间延长、心脏有杂音、脉搏缺陷），在开始牙科手术之前需要进行心脏检查。

### 五、其他检查

一些麻醉方案可能对患有早期肾脏或肝脏疾病或心脏异常的患宠有害。应根据先前的标准和诊断数据为患宠制定个性化的麻醉方案。

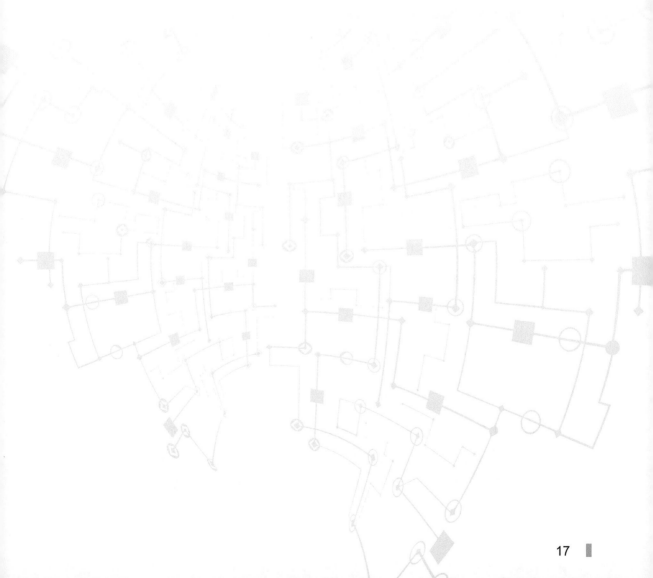

# 麻前给药操作

麻前用药对多种麻醉方案很重要。大多患宠在进入动物医院后都处于高度恐惧状态，药物的镇静作用可疏解宠物的精神压力，有利于术前准备操作。

## 一、药物麻醉

由于不同种类的药物的麻醉镇痛机理以及特性不同，在手术过程中，可以组合使用许多麻醉前药物，以减少单一药物的吸入剂量，应根据患宠的具体情况（如年龄、品种等）、术前检查期间收集的数据、体检结果和个体特点来选择麻醉方案。

在选择药物方案时，还应考虑动物已有疾病。在许多情况下，牙科患宠也同时是老年患宠，虽然衰老本身并不是一种疾病，但衰老伴随着生理变化，术前麻醉规划必须考虑年龄因素。犬猫的术前用药方案如表 3-1 所示。

表 3-1  术前用药方案表

| 动物药品 | 药物类别 | 用量 | 优点 | 缺点 |
|---|---|---|---|---|
| 乙酰丙嗪 | 吩噻嗪 | 犬：0.005～0.06 mg/kg<br>猫：0.04～0.10 mg/kg | 与阿片类药物联合使用时具有出色的镇静作用 | 无镇痛效应 |
| 布托啡诺 | 阿片类药物 | 犬：0.1～0.4 mg/kg<br>猫：0.1～0.4 mg/kg | 镇痛特性 | 极短效镇痛 |
| 美托咪定 | $\alpha_2$-激动剂 | 犬：0.002～0.40 mg/kg<br>猫：0.002～0.40 mg/kg | 强效镇痛作用 | 可逆；可导致心动过缓 |
| 丁丙诺啡 | 阿片受体部分激动剂 | 犬：0.10～0.40 mg/kg<br>猫：0.10～0.40 mg/kg | 不良影响很少见 | 有限可逆 |

注：用药建议参考执业动物诊疗法律法规。

## 二、诱导麻醉剂和吸入麻醉剂

与麻前用药一样，诱导麻醉剂也有多种，应根据患者的需要谨慎选择。目前常用短效麻醉药丙泊酚静注，因为该药起效迅速、平稳且能与其他多种麻醉类药物联合使用。麻醉类药物给药要谨慎，看到麻醉起效时才能插入气管插管。吸入麻醉剂首选异氟醚和七氟醚，配合对应的挥发罐定量给予。

 **麻醉设备认识**

麻醉机和呼吸机可以控制麻醉剂和氧气的输送，同时消除手术室环境中的麻醉废气。麻醉机配有挥发罐，以受控速率向宠物输送可控调剂量的麻醉剂和氧气的混合物。应在麻醉的前一天进行设备查验。仔细检查机器的所有部件是否有任何缺陷；检查氧气和麻醉吸入剂的含量，并在必要时更换废气吸收剂；应对呼吸机和麻醉机进行泄漏测试。

在诱导阶段开始之前，应准备好所有设备。一般来说，应准备三种规格的管子：该动物预期使用的尺寸、稍大一号和稍小一号的插管。给袖带充气并在术前检查是否漏气。过度充气的袖带会给气管的脆弱组织造成创伤，甚至会导致动物气管破裂。适当尺寸的再呼吸管和再呼吸袋应连接到麻醉机上。一旦患宠连接到麻醉机，氧气流速和麻醉蒸发器就会维护在一定水平。将所有监测设备连接到患宠身上，并读取基线读数以开始监测。

**任务四** 麻醉监护管理

在整个麻醉过程中，均应密切关注麻醉监护设备，持续读取各相关重要指标，直至动物复苏。注意，虽然目前市面上有多参数的小动物监护设备，但任何设备都不能取代操作人员的参与。每例麻醉操作都应进行记录，至少每 5 ~ 10 min 记录一次设备读数，直到宠物从麻醉中复苏。

术后，麻醉记录应归档于宠物病历中，用于后续查询，特别是下一次术前麻醉审查。除了记录参数数据外，麻醉记录还应包括该患宠特定的麻醉方案。麻醉记录基本上提供了麻醉效果的全景，任何的读数变化都可能表明宠物个体对麻醉的反应。这个监测过程还会提示异常的生命体征，麻醉兽医师应尽早纠正这些异常情况，以免麻醉时出现并发症。

最常监测的参数是心率、血压、体温、呼吸次数、血氧饱和度（SPO₂）、心电图和终末 $CO_2$ 水平。此外，更具侵入性的监测参数可能包括血气分析和中心静脉压。

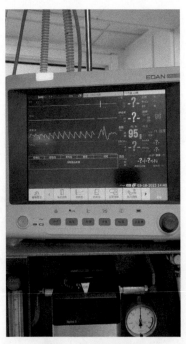

图 3-10　脉搏血氧仪

## 一、脉搏血氧仪

可用脉搏血氧仪测量动脉血氧饱和度（见图 3-10），该指标可以用来确定患宠是否接受了足够的氧气。在大多数宠物麻醉操作中，该探头夹在其舌头上。然而，在牙科操作中，可以选取其他位置，例如耳廓、包皮、外阴、脚趾、尾或掌骨。正常血氧饱和度应保持在 98% ~ 100%，特别是当动物呼吸纯氧时，血氧饱和度读数若为 90% 以下则表示明显的饱和度下降、血容量不足、休克或贫血。确定饱和度降低的原因并且及时纠正很重要。在许多情况下，可能是由于探头松脱，也可能是氧气供应不足或氧气罐中的低压、低呼吸或通风不良等原因导致的。

## 二、呼吸监测仪

呼吸监测器是提示宠物呼吸增减的关键设备。监测器应放置在呼吸管和气管插管之间，呼吸间隙有声响提示。术前和术中正常犬和猫的呼吸频率在每分钟 10 ~ 50 次。呼吸频率增加可能是由于动物麻醉过浅，呼吸频率降低则表明麻醉可能太深，应予以纠正。诱导后若发生呼吸暂停，应立即给患宠吸氧。

## 三、体温

牙科操作可以持续几分钟到几个小时。低温是长时间牙科手术的常见现象，尤其是在猫和小型犬中，但长期体温过低会导致呼吸指数低、心动过缓、血压降低和恢复缓慢。因此，在手术或恢复期间，忽视保持动物体温，也是造成许多不必要的麻醉死亡的原因。应使用温度探头或简单的温度计监测患宠的体温，并使用体温调节系统进行控制（见图 3-11、图 3-12）。

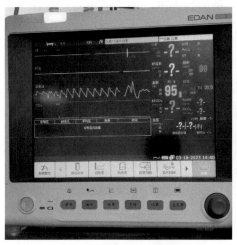

图 3-11　电子体温数值显示

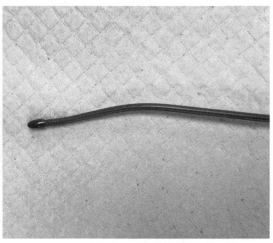

图 3-12　电子体温探头与检测仪相连

目前有多种方法可以保持患宠的体温，最有效的方法是用热水毯和热风毯包围其大部分的体表。对于较小的患宠，加热笼或培养箱可用作恢复室，以促进其更平稳、更快地恢复。应避免使用非兽用电加热垫，因为它们可能会对患宠造成烧伤。静脉输液管加热器也有助于保持患宠的体温。

尽管在少数情况下，患宠会发生不明原因的麻醉反应，但大多数麻醉事故是由以下原因引起的：麻醉设备问题、麻醉剂使用不当、监督不力或缺乏监督、缺乏支持治疗措施，或在出现并发症时缺乏及时干预。

## 四、心电图

持续监测心电图可以及时识别与心率、节律和传导障碍相关的生物电变化。心率最初可能会由于术前用药和诱导等原因下降，但在手术开始后应该稳定下来。当心动过缓导致心输出量过度减少时，需要彻底治疗。心率增加会提示缺氧、高碳酸血症或体温过高。犬的心率高于160 bpm、猫心率高于180 bpm时，就可以被定义为心率增加。

## 五、血压

血压受麻醉深度、血容量、心脏收缩强度和全身血管阻力的影响。低血压是麻醉最常见的并发症之一。动物平均动脉压（MAP）不应低于60 mmHg，收缩压（SAP）不应低于80~90 mmHg。在整个麻醉过程中静脉注射（IV）可以稳定血压。增加静脉输液速度和减少麻醉深度可以缓解低血压。对于更严重或难治性低血压，可能需要在滴注过程中添加胶体液，例如羟乙基淀粉溶液、多巴胺或多巴酚丁胺。应使用正确尺寸的袖带以获得准确的测量值，犬的袖带宽度应为四肢周长的40%，猫为30%~40%（见图3-13至图3-15）。

图3-13　血压检测数值

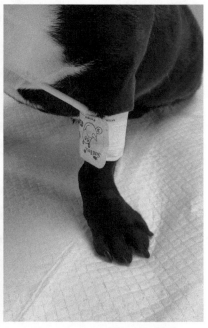

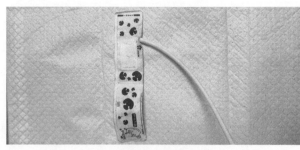

图3-14　血压仪袖带

图3-15　犬血压仪袖带捆绑

### 六、终末二氧化碳监测

终末二氧化碳（$EtCO_2$）指标可用于评估肺部的通气、呼吸回路功能和通气—灌注功能。因为动物机体对二氧化碳的变化比对氧气的变化更敏感，终末二氧化碳指标可比脉搏血氧仪更早地提醒麻醉师注意呼吸系统并发症。终末二氧化碳浓度异常的一些常见原因包括气管插管放置不当、呼吸道部分或完全阻塞或呼吸暂停。终末二氧化碳应介于 $35 \sim 45$ mmHg。

任务五 **牙科疼痛管理**

在动物牙科中，即使是非侵入性手术也会引起一定程度的疼痛。尽管疼痛对任何动物都是有害的，但需要特别考虑器官功能衰退的老年患犬、患猫。比如对于心脏、肾脏或肝脏功能不良的患宠，疼痛压力通常会导致手术期间、恢复期间或术后几天内的代偿失调。因此，有效遏制疼痛对于老年宠物的理想康复尤为重要。兽医的职责是根据所做的牙科操作，预判患宠涉及的疼痛类型以及镇痛需求。要镇痛止痛，首先要了解痛觉是如何传导的。

### 一、痛觉传导途径

疼痛被定义为动物组织损伤或潜在组织损伤所引起的不适感觉和心理创伤。通常疼痛冲动由神经末梢产生，由神经纤维负责传递。痛觉信号主要沿着三个途径传递到中枢神经系统。宠物口腔内的伤害感受器传感相关痛觉的过程，称为转导。转导后，疼痛刺激被周围神经拾取，然后传送到脊髓，这称为传输。脊髓将痛觉调控转移到大脑，导致动物感到疼痛。只有在上述多个传导通路中截断痛觉信号，才能达到理想的疼痛管理效果。

我们提倡预防动物疼痛，合理使用镇痛药物。凡事预则立，整个牙科操作应包括周密稳妥的镇痛方案，特别是超前镇痛。超前镇痛即术前就给予止痛药物以减轻术后疼痛。但必须明确，超前镇痛不能替代术后镇痛。阿片类药物或 $\alpha_2$ 受体激动剂可作为中断疼痛的拮抗剂，用于痛苦程度大的牙科手术，例如全口拔牙、下颌骨切除术或上颌切除术，术前开始恒速输注，并在整个手术过程中和手术后持续进行。术后可给予额外的阿片类药物和非甾体抗炎药（NASID），以提供持续的疼痛控制。

### 二、多模式镇痛

所谓多模式镇痛是指联合使用两类或多类药理不同的镇痛剂。近年来多模式给药镇痛操作得到了学术界和临床的广泛的认可和推广。有多种非口服镇痛药可在牙科手术之前、期间和之后沿着特定途径控制疼痛。局部麻醉剂、非甾体抗炎药、阿片类药物和皮质类固醇等药物可应用于疼痛传导通路中的转导点。局部麻醉剂、阿片类药物和 $\alpha_2$ 受体激动剂可用于通路中的传输点。吸入麻醉剂则被用于在感知点阻滞痛觉信号。

### 三、居家镇痛护理

再高明的牙科操作也离不开精心的术后居家照料。对于患宠的持续镇痛管理，通常预后更理想，更能增加宠主对于医疗服务的信心和信赖。

宠物牙科实践中有许多居家镇痛护理方案以及药物组方。应基于对患宠术后疼痛程度的预估（轻度、中度还是重度疼痛）以及患宠个体的生理状况精准实施。

中度或重度疼痛应采用多模式镇痛。例如，联合使用阿片类药物与非甾体类抗炎药（NSAID），阿片类药物可阻断中枢敏化反应，而非甾体类抗炎药可减轻外周炎症反应。对于犬，最常用的药物是美洛昔康（最初 0.2 mg/kg，然后每天 0.1 mg/kg）或卡洛芬（0.5 mg/kg，每天 2 次）和曲马多（1~4 mg/kg，每天 2~3 次）。对于猫，通常舌下含服丁丙诺啡（0.1 mg/kg，每天 2~3 次）。患有慢性或神经性疼痛的患猫通常使用加巴喷丁（3~5 mg/kg，每天 2 次）。

与药丸或胶囊剂型相比，宠主居家给药偏好液体剂型，尤其是在患宠需要多次给药以及术后有损伤、不适的情况下。为了方便给药，美国出现了专业的复方药房可定制剂型。开具镇痛药物处方需要考虑给药的持续镇痛时长，兽医师通常需向宠主说明给药注意事项。

# 任务六　局部麻醉管理

不同于人类，宠物只能在苏醒前或术后进行局部（比如口腔）麻醉，其主要起到术后镇痛作用。

口腔（牙科）局部麻醉包括浸润麻醉与区域神经阻滞。人类牙科以浸润麻醉为主，动物牙科以区域神经阻滞为主，即在动物全身麻醉过程中，将注射器准确刺入生理孔内，特别是犬猫下颌前臼齿以及臼齿的位置。局部麻醉偶见注射部位血肿。

## 一、局部神经阻滞概述

作为多模式镇痛的一部分，局部神经阻滞广泛应用于宠物牙科镇痛。将局麻药物注射到神经周围，阻止了受伤部位痛觉的传递，防止疼痛刺激到达脑干并最终到达大脑皮层。

局部麻醉剂给予配合麻前用药，有利于维持麻醉效果。应该在疼痛预计发生的前几分钟进行超前阻滞，以获得最佳效果。局部神经阻滞操作相对简单，通过培训和实操就能有效掌握。适用局部神经阻滞的口腔手术包括拔牙、根管治疗、口腔肿块切除、上颌切除术或下颌切除术，甚至开放或封闭根面平整。

局部神经阻滞通常选择利多卡因和布比卡因，或单独使用布比卡因。这些药物都是以盐酸普鲁卡因为原型进行麻醉效果对比的标准药物。每一种都有优点和缺点。利多卡因起效时间短，但持续时间非常短，仅持续 $1 \sim 2$ h。布比卡因可持续 $6 \sim 10$ h，但起效延迟。组合使用可以减轻甚至消除这些限制。布比卡因总剂量不超过 $2$ mg/kg，利多卡因不超过 $4$ mg/kg。每个部位的输液量为 $0.25 \sim 1.0$ mL，具体剂量取决于患犬患猫的体型。利多卡因和肾上腺素也可用于收缩血管，确保局麻药长时间在靶组织中停留，保持局部活性，但应避免用于有潜在心脏问题的患宠。

局麻药品的作用机理相似，均为可电离的季铵盐，需要在偏碱性环境中解离后生效，但发炎的组织的微环境为偏酸性环境，会影响药品解离，导致麻醉效果较差。

## 二、局部神经阻滞分类

动物牙科主要涉及的神经区域是：眶下神经、上颌神经、下颌神经以及颏神经。

### 1. 眶下神经阻滞

该阻滞提供从上颌第三前臼齿到切齿和相关软组织的镇痛。眶下神经阻滞孔可通过上颌第三前臼齿背侧的颊黏膜触诊。将注射器与上颚平行，将针头斜面朝上插入管内。注射器先行抽吸以确认未注射入血管。旋转注射器直到斜面朝下，然后在缓慢注入根管之前再次进行抽吸。将手指在该部位按压 30～60 s，促使药物"固定"到位，以确保阻滞效果。在短头品种犬与猫的相关操作中，考虑到其眶下管较短，不宜入针过深。该操作在针头进入眶下孔的环节易造成神经损伤。

### 2. 上颌神经阻滞

这种阻滞也称为眶下尾神经阻滞。它影响整个同侧上颌牙齿和相关的软组织。孔位于上颌最后一颗磨牙的背侧。针头垂直插入最后一颗磨牙的尾部，斜面朝向嘴侧或朝向患宠的鼻子。在孔附近缓慢注射之前进行抽吸。请注意，这种神经阻滞有可能导致眼外伤。

### 3. 下颌神经阻滞

下颌牙槽神经阻滞孔位于下颌骨切迹尾端腹侧开孔处。该阻滞可为所有同侧牙齿和相关软组织提供镇痛效果，并且可以在口内或口外进行。在犬的口腔内，可在第三臼齿和角突之间大约一半的舌面上触诊孔位。对于猫，它位于第一臼齿和角突之间。在口外，注射部位位于下颌骨的舌侧。将针垂直插入下颌舌侧的下颌切迹处。

### 4. 颏神经阻滞

下颌骨的喙部有 3 个小孔，应使用其中最大的中间孔，该孔位于第二前臼齿前下方。颏孔阻滞注射可影响所有牙齿和注射部位附近的软组织。将注射器插入第一、第二前臼齿之间的黏膜，再将注射器向尾侧平行推进 0.5～1 cm，不要接触骨头。药液在孔附近递送注入。指腹施加点压 30～60 s。

## 三、非药物镇痛方法

目前一般采用激光镭射理疗，定期定量直接照射手术部位，这种操作有助于减轻动物痛苦，促进机体修复和愈合。针灸和按摩等柔和刺激动物相关穴位的方法也能起到缓解疼痛的作用。

住院期间可尽量改善动物住院环境，以安静、免打扰的空间环境为宜，安睡静养和尽早进食常见术后理想预后。

## 任务七 犬麻醉技术实践

### 一、实操目的

对实验动物进行术前麻醉与镇痛。

### 二、材料与设备

动物：实验动物。

器材：吸入麻醉机、气管插管、喉镜、留置针、注射器、氧气瓶、纱布、纱布条、2 mL 注射器、静脉留置针及肝素帽、胶带、弹性绷带（见图 3-16 至图 3-19）。

试剂：诱导麻醉药与吸入麻醉药、润滑剂、麻醉前用药物、酒精棉、生理盐水。

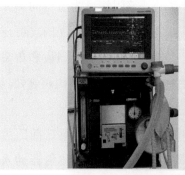

图 3-16 麻醉机设备

图 3-17 气管插管

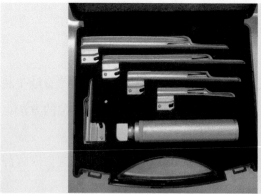

图 3-18 喉镜

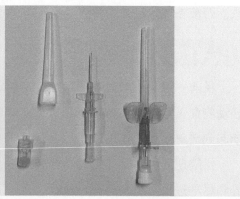

图 3-19 留置针

## 三、操作过程

**1. 做好麻醉前的各项准备工作**

了解动物的基本情况（包括体重）、麻醉前用药物，准备好气管插管、喉镜等。大多数的外科手术都需要麻醉，但是在麻醉之前要先进行动物的身体保定。

**2. 建立静脉通路**

需要麻醉的动物应该至少留有一个输注药物、溶液的静脉通路。根据动物的大小确定留置针的型号；合适型号的留置针在紧急情况下可以提供最快速的给药和液体滴注。留置针的型号越小越容易被血凝块堵塞。一般根据手术部分（通路）、动物性情和埋植的成功率来选择静脉留置针的血管。

头臂静脉是犬猫常用的埋植留置针的血管，犬还可以埋植在外侧隐静脉，猫还可以埋植在内侧隐静脉。头臂静脉在腕侧和前中侧的分支——副头臂静脉也可以埋植留置针，不过该位置较难固定。头臂静脉埋植留置针时要用胶带使腕部稳定，防止其屈曲。头臂静脉埋植留置针的型号根据动物的体型而定（如 18 ~ 24 号）。

在进行常规操作时，只需要对动物实施简单的保定，助手使动物俯卧，一只手把住头部，防止其咬埋针人员，另一只手夹住动物并握紧腿上部使静脉鼓起。埋针人员可用一手拇指压在血管内侧或外侧，通过拽紧皮肤来固定血管。

**3. 麻醉前用药**

根据体重给动物皮下注射阿托品、镇静镇痛类药物（雷尼替丁、酚磺乙胺）。同时仔细检查麻醉机管路是否正确连接，并确保管路完好、不漏气。检查 APL 阀是否处于开放状态。麻醉时 APL 阀必须处于开放状态。

**4. 诱导麻醉剂**

用丙泊酚进行静脉诱导麻醉，按 6 ~ 10 mg/kg 的剂量缓慢静脉推注，推注时间在 1 min 左右，注意推注速度不能太快。

丙泊酚是一种脂溶性麻醉用药，为静脉注射剂型。制剂中含大豆油、卵磷脂和丙三醇，常见剂量浓度为 10 mg/mL。它是一种超短效的非巴比妥类催眠药，起效和苏醒快。和其他催眠药相比，丙泊酚在中枢神经系统内残留较少。动物的苏醒时间与其最初在肌肉组织的分布和肝脏组织的代谢速度有关。有证据表明超过肝血流量的丙泊酚主要通过肝外代谢途径清除。

**5. 气管插管**

大部分采用吸入麻醉的患宠都需要气管插管。待动物麻醉后，由助手协助打开口腔，迅速进行气管插管。气囊内应填充有一定量的气体，便于打开患宠的呼吸通道，从而进行有效的自主呼吸和人工控制呼吸，防止异物进入呼吸系统，同时防止工作区域被麻醉废气污染。对患病动物进行气管插管操作时，所使用的气管插管应洁净、干燥，最好是无菌的。

在定位上，气管插管进入患宠体内的一端为远端（斜面末端），连接机器一端为近端。气管插管的大小，通常用管的内径（I. D.）来表示，以 mm 为单位。管的内径通常表示为口腔大小，而外径则表示鼻腔大小。内径越大对空气的阻力越小，但是外径决定了一定型号的插管只能在某些特定大小的患宠中使用。气管插管的长度，通常以气管插管的末端达到颈部气管中部的距离为标准（喉的远端以及胸腔入口之间），此时插管的近端在患宠的切齿位置。

气管插管气囊应为大容量、低压力，这样有利于气管插管外壁与气管内壁完全接触，同时不至于对气管黏膜产生过大的压力。过大的压力（30 cm $H_2O$ 或更大）会影响黏膜的血液供应，并导致组织脱落分离、结痂以及气管腔缩小。应避免气囊的过度膨胀，将气囊充满气体，给呼吸系统施加 20～25 cm $H_2O$ 柱压时，呼出气体不经过气囊外漏即可。

气管插管前必需准备好下列物品和材料，否则会延迟患宠呼吸通路的建立。

1）所需物品

（1）经检查完好无损的不同型号的气管内（ET）插管；

（2）5 mL 注射器，气管插管气囊（充气用）；

（3）针芯，当 ET 管太软时使用管芯针，管芯针不能超出 ET 管的前端，作用是使管变硬；

（4）喉镜；

（5）灭菌的水溶性润滑剂；

（6）利多卡因和棉花拭子（擦拭猫的勺状软骨）；

（7）纱布卷（打结固定 ET 插管）。

2）气管插管的选择

选择合适的气管插管和正确的插管技术能够保证插管成功。确定选择何种内径（mm）和长度（cm）的 ET 管有很多方法。最常用的方法是根据动物的体重来选择。例如一般体重 20kg 的犬可以选择 9.5 mm（I.D.）的 ET 管。在肥胖的猫和短头犬上运用这种方法可能会过大估计 ET 管的型号。

一种可靠性较低的估测 ET 管型号的方法是使 ET 管的插入端的外径大体上等于两鼻孔间的距离。这种方法可能会低估 ET 管的大小。如果还判断不准，可以通过触摸气管来选择（例如预计需要的是 5.5 mm 的插管，实际上 5.0 或 6.0 mm 的管都可以使用）。

ET 管的长度和直径同样重要。可通过对比 ET 管和从鼻孔到肩胛骨的距离来选择合适长度的 ET 管；在估测长度的时候不要使插管碰到患宠的皮毛以免其被污染。气管插管插入的深度不能超过肩胛部，以防插入支气管。为了防止出现过多的无效腔（如双流向的发生），ET 管的长度不能超过鼻孔。可以剪短 ET 管的机器端（近端），但是必须小心不能剪断充气部分的管壁。

3）气管插管的放置

诱导麻醉后，一个助手将患宠的头抬起，抓住上颌骨，使嘴张开并保持这一姿势。然后另一个助手用纱布拽出舌头，使咽喉（会厌、声门和勺状软骨）可见。

助手应注意不要抓握颈部，因为作用于颈部的压力会使正常的解剖结构扭曲。如果姿势正确，则可以看到喉部，包括声门和勺状软骨。如果看不到喉部就需要使用喉镜。喉镜的前端应该抵在舌腹到会厌的基部。施加压力可以使会厌部完全显露。

尽量不要用喉镜碰会厌软骨。如果看不到会厌软骨的前部，需要将软腭轻轻地向上推，使会厌软骨下翻。如果可以看到勺状软骨，轻轻地从分开的软骨间插入 ET 管，注意不能强行用力。如果阻力太大或者 ET 管型号太小，需要换用长度和内径合适的 ET 管。猫和小型犬需要使用利多卡因（涂抹在勺状软骨上）。

一旦导向管通过喉部放入气管中就可以移走喉镜。ET 管可以沿着导向管向前推进。对于体型较大的动物，如果 ET 管太软，视野受到影响，可以使用探针。在插管过程中探针不能超过 ET 管的前端。

ET 管插入后把 ET 管固定在上颌骨或下颌骨上，而猫和短头品种犬还可以固定在脑后。可以将窄纱布在 ET 管上缠绕打结。结应该系在上颌骨侧或下颌骨侧，然后把绷带系到合适的位置，这样容易固定。对于内径小的 ET 管，不要太用力，防止阻塞管腔。

固定好 ET 管后，将其连接到麻醉机的循环通路上，通过间歇正压通气（IPPV）使气囊的压力达到 20 cm $H_2O$ 的呼吸压，保证循环通路的密闭。如果气囊的压力达到 20 cm $H_2O$ 的呼吸压，而麻醉机循环通路中的安全阀没打开，呼出的过多气体在机体出现损伤前会通过气囊和黏膜的间隙排出，因而可以留出少量时间。气囊的过度充气会导致气管受到过度的刺激甚至发生坏死。随着麻醉程度的加深有时可以检查到漏气，尤其是气管松弛部位漏气，这可以通过正压通气使气囊充气达到 20 cm $H_2O$ 的呼吸压力而解决。

当患宠移动或翻身时需要把 ET 管和麻醉机的接管断开，防止对气管黏膜造成损伤或撕裂气管壁。

4）气管插管放置的确认和故障排除

在进行外科手术操作之前确认 ET 插管是否正确放置非常重要。一种方法是触摸胸腔入口处的气管（ET 管的插入可以感觉到气管环）。为了减少对气管黏膜的损伤，气囊充气后不要再移动 ET 管。听诊双侧肺部可以确定插管没有插入支气管中。观察呼吸气囊的运动亦可确定 ET 管放置是否正确。也可以通过 EtCO$_2$ 浓度监测确定气管是否插入食道中，因为非呼吸道中出入气体的二氧化碳浓度明显偏低。也可以将少量毛发放在导管接口端，观察毛发扬动情况，判断导管是否在气管内，但最为可靠的方法还是气管触诊和肺部听诊。

气管插管插入食道时会表现出一系列指征。如难以维持一定水平的麻醉深度；以皮动脉血氧饱和度（SpO$_2$）值表示的血红蛋白氧合作用可能会降低；充气的 ET 管气囊可能不能保持密闭；呼吸气囊不运动；发生胃胀气；EtCO$_2$ 的值可能会很低。该情况下应抽吸气囊，拔出导管，并重新放置。

麻醉状态下吸气容易吸入胃的返流物、唾液、血液和插管时使用的润滑液。麻醉前禁食可以降低回流的几率，但也要注意可能出现的无症状回流。若回流后进行正压通气，食糜和液体会被下推至更深的下呼吸道。

如果气管插管插入支气管中，SpO$_2$ 将会大幅降低，只能在单侧听到肺的呼吸音，不通气的肺可能发生萎陷。如果气管插管插入支气管，需要先抽吸气囊，然后向外拔出气管插管，直到可以听到双侧肺音或 SpO$_2$ 达到 95% 以上。然后将 ET 管固定在新的位置，并对气囊充气。

气管插管放置完毕后，动物可以按照手术要求的体位保定，如果需要重新摆位，必须将 ET 管和呼吸回路断开，防止损伤气管、ET 管阻塞或意外掉出。

6. 供氧与吸入麻醉

确认气管插管无误后，将气管插管与麻醉机上的接管紧密连接。依次旋开氧气减压阀（1 L/min）和蒸发器的旋转调节阀（3% VOL），使动物维持麻醉状态，并将生命监护仪连接在动物身上。待麻醉稳定后，即可进行相应的治疗工作。

7. 麻醉苏醒工作

治疗完毕后，关闭蒸发器，静脉留置针以注射麻醉解剂，让动物在纯氧中保持呼吸约 5～10 min，以利于其快速苏醒。动物出现吞咽动作后，即可用注射器抽去气管插管气囊中的空气，然后拔出气管插管。关闭气源，从动物身上取掉生命监护仪的传导线，刚苏醒的动物需由专人护理。做好记录，认真填写麻醉记录表，整理操作台，按要求分类处理垃圾。

## 四、临床操作技巧及注意事项

（1）做好麻醉前动物的评估工作：

（2）准确称量动物体重，麻醉药用量"宁少勿多"；

（3）使用丙泊酚进行诱导麻醉时，要掌握好药物注射速度，一开始稍快，当开始出现麻醉效果时应减慢速度，全部推完要 1 min 左右；

（4）麻醉过程中注意给动物保温，防止体温过低；

（5）麻醉过程中做好心电、血氧、体温等生命指标的监护；

（6）做好刚苏醒的动物的护理工作，防止摔伤等意外情况发生。

## 五、实操练习

学生分组，按操作步骤进行练习。

# 小动物牙科影像检查

•学习目标•

❶ 掌握传感器、磷光片或胶片在犬猫口腔中的位置。

❷ 掌握传感器、磷光片或胶片在异宠口腔中的位置。

❸ 掌握牙齿图像对应的解剖部位。

❹ 学会识记犬猫口腔正常解剖结构的 X 光片。

❺ 初步掌握犬猫口腔病变视图的诊断特征。

放射影像学技术在动物牙科学中的作用可谓无可替代，因为犬猫口腔的病理是肉眼无法观察到的，需要借助放射摄片或者其他影像学手段来获取。在犬猫口腔中常常看到许多病变，肉眼可见的部位是（牙龈以上）正常的，但牙龈以下的部位却需要尽快医治，比如牙髓疾病、牙周骨丢失、牙吸收以及下颌骨骨折等。所以可以通过牙科影像学来评估动物的牙周、齿根、牙髓情况；制订疾病的治疗计划；指导治疗过程；评估治疗效果。一般情况下，每个宠物牙科病例均应拍摄口腔 X 光片，拔牙手术前、后的 X 光片是强制性的。

为了保证宠物和人员的防辐射安全，在拍摄时应尽量规范和慎重仔细，以尽量避免重拍。最理想的情况是一次拍摄完成诊断图像。尽管牙科 X 光摄片的过程增加了麻醉环节，但相比之下，获得完整、丰富的牙科影像的意义远远超过了麻醉的风险。建议对于麻醉风险比较大的患宠，可以在麻醉前请其他专家进行评估，以获得更多的信息。

在宠物医院中，具体负责口腔摄片操作的一般都是兽医助理。本项目主要讨论如何使用牙科 X 射线装置，如何使用数字传感器、荧光板或胶片，以及如何识别诊断图像。

 影像检查辐射预防

## 一、影像检查要求

随着社会整体环保意识的提升，目前开设动物医院要有环保部门认可的环评报告，表明运营不会对环境造成负面影响，其中防辐射工作是重要的一个环节。

在设施设计、建设、装修的过程中，需要合法合规安装辐射设备。但人员的日常防护也是防辐射的一个重要环节。相关操作人员需要参加并通过各省市环保部门举办的防辐射人员资质考核，宠物医院防辐射人员一般参加医学 X 光应用类别的学习和考核。

## 二、拍片辐射影响

接触 X 线对人体有一定的潜在损害，依照目前国际放射防护委员会的推荐，一般辐射限值为每人每年 5 毫西弗（mSv），即 5 000 微西弗（μSv）。

生活中所接受到的大部分的辐射（约 85%）来源于自然环境，如太阳、土壤等，来源于医疗诊断与治疗的辐射量占 14% 左右。

## 三、牙科辐射剂量

拍摄牙片对于口腔疾病的诊断尤为重要，且产生的辐射量很小。美国牙医协会表示在医疗辐射中，源于牙科的辐射仅占约 2.5%。

儿童放射学会给出更为清晰的对比。拍一张曲面平展片所产生的辐射量，相当于约 3 天的自然环境辐射；拍 4 张牙片所产生的辐射量相当于约 0.6 天的自然环境辐射。

此外在拍牙片时都会以最优化的剂量达到临床要求，同时进行必要的防护。宠物医院医生们也可穿戴好防辐射服以减少辐射伤害。

# 任务二 牙科影像学设备认识

## 一、牙科影像设备的优点

（1）设备可以安装到手术室；

（2）焦片距（FFD）可以随意调节；

（3）机头可以调成所需的角度；

（4）放射剂量相对小，安全性较高；

（5）可有效避免影像重叠。

## 二、X光机

### 1. 种类

通常有 3 种：固定式（墙上式）、手持式以及移动式（见图 4-1 至图 4-4）。

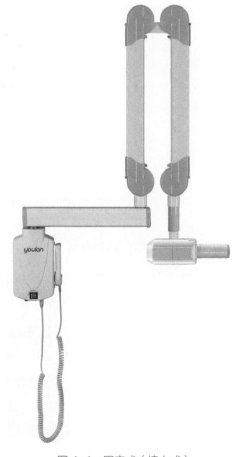

图 4-1 固定式（墙上式）

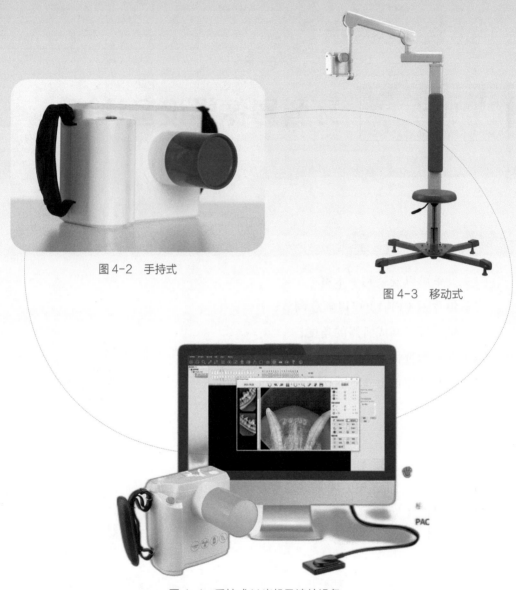

图 4-2　手持式

图 4-3　移动式

图 4-4　手持式 X 光机及读片设备

## 2. 数字 X 线成像和计算机 X 线成像

数字 X 线成像（DR）指在计算机控制下直接进行数字化 X 线摄影的一种新技术，即采用非晶硅平板探测器把穿透人体的 X 线信息转化为数字信号，由计算机重建并进行一系列的图像处理。DR 系统主要包括 X 线发生装置、直接转换平板探测器、系统控制器、影像监视器、影像处理工作站等几部分。

计算机 X 线成像（CR）是计算机 X 射线（computed radiography）的英文缩写。CR 是用医学影像进行疾病诊断的一种方式。它使用的是数字化的影像，可通过计

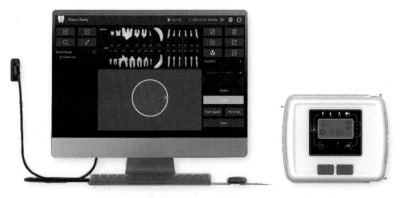

图 4-5　DR 影像

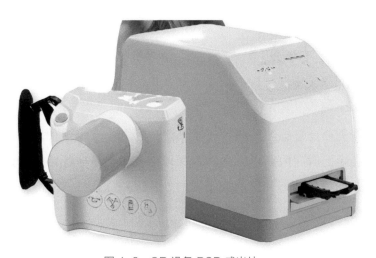

图 4-6　CR 设备 PSP 感光片

算机技术进行处理，提高影像质量。

CR 与 DR 的差别如下：

（1）CR 感光片较便宜，DR 感光片昂贵（易被咬坏、刮伤）；

（2）CR 感光片规格较多、大小不等，DR 目前仅两个型号；

（3）CR 分辨率较低，DR 分辨率较高，但差异不大；

（4）CR 需要读片设备，DR 不须读片设备（USB 直连计算机）；

（5）CR 成像速度慢，不能进行透视检查，而 DR 的成像时间不仅大大缩短，还可用于透视，并可进行更多的后期处理，进一步提高检测效率，降低辐射剂量。

# 患宠术前准备

拍摄口内 X 光前必须进行全身麻醉，有的患宠需要先行洁牙，主要是避免牙结石严重掩盖牙齿病变，影响观察。

## 一、防护措施

准备好防护设备、铅手套、铅衣、颈围、夹子等。

## 二、X 光片摆位

摆位是一项需要反复练习的职业技能。摆位的方法有很多种，但目标始终相同——在尽可能短的时间内获得 X 线诊断图像。技术人员应经常参加讲座和实操培训，以学习新的摆位技巧和窍门或不同的处置思路。此外，应准备一套动物头骨模型，以体会、练习各种操作技术。

## 三、传感器防护

应该完全麻醉，而不仅仅是镇静接受射线照相的动物，这样它们就不会无意中咬住感应板和传感器。传感器被咬住可能会导致一两个像素受损甚至整个传感器发生故障。更换传感器的成本高昂。还应注意保护传感器的电缆免受卷曲或挤压。

## 四、增强图像的方法

图像加载到计算机后，可以更改对比度、亮度和锐度，也可以放大以帮助阅读。大多数系统还有其他调整参数，可以增强图像上的各种结构，这些参数因设备制造商而异。

像时钟上的指针一样旋转图像是一种常见的做法。尤其是牙齿的方向不正确时，这可能会很有用。但不要左右或从上到下翻转图像。由于大多数系统没有点或其他标记来提示方向，这样翻转可能会导致解释错误，甚至是治疗失误。

与胶片相比，传感器的优势在于易于使用、检索、传输、增强和无需化学品。

与胶片相比，其缺点包括前期成本更高、图像需要用计算机查看及存储。传感器需要定期更换，但如果保养得当，大多数传感器可以使用数年，一些兽医更换牙科影像设备主要是为了升级换代。

## 五、查片读片

若从动物唇侧检查其口腔情况，传统的胶片摄片皆采用角平分线法，并以凸起点朝前的方式读片。根据颌骨和牙齿的解剖结构，可判断上、下颌牙片。若一直将凸起点朝唇侧放置，则拍摄左右两侧的视图需要将凸起点放置在不同的位置。

图 4-7　猫全口牙片星号位置示意图

图 4-7 为猫全口牙片的拼接示意图，由 10 个视野图组成，请注意各片上星号的位置。如果一直将凸起点或星号点进行曝光，则一侧拍摄的所有的影像都会在牙齿的远中侧，而另一侧拍摄的所有影像都会在牙齿的近中侧。数字成像系统可以极大简化相关操作并指导操作者按步骤、标准操作成像，但操作者还是有必要学习掌握成像的原理和技术要点。

# 口内 X 线操作

口内 X 线拍摄，即使 X 光束穿过目标牙直接照射到口内的胶片、磷光板或者感应板上。牙体均为立体构型，故而可能需要在感应板后面放置垫填材料，保证感应板和牙齿紧密接触。感应板和牙齿的距离最小，可以最大程度减小放大效应，真实反应牙齿的尺寸和形态，调节发射 X 光束的角度可以避免两个牙根出现重叠。

## 一、拍摄方法

具体的拍摄方法分为水平投射法以及角平分线投射法。拍摄患宠的下颌前臼齿和臼齿视图需要运用水平投射法，即感应板与牙齿平行，入射 X 光束垂直照射到感应板上。其他牙齿均需采用角平分线投射法进行放射成像，即入射光束垂直照射在齿轴和感应器产生的锐角平分线上。

### 1. 水平投射法

适用于犬猫上下颌、上下颚臼齿的 X 光口片拍摄。

使患宠侧卧位（被拍摄的一侧朝上）保定，将感应板放置于舌与牙齿之间，并尽可能推入舌下窝（见图 4-8、图 4-9）。

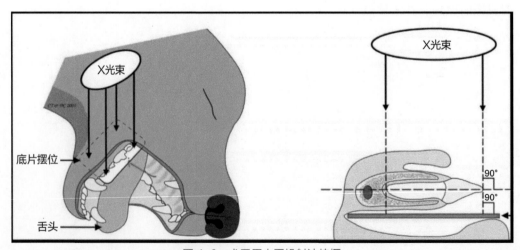

图 4-8　犬采用水平投射法拍摄

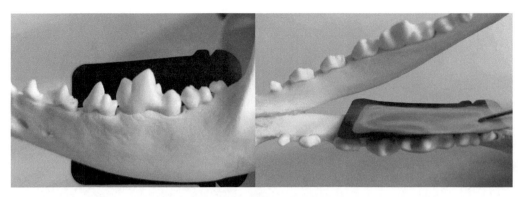

图 4-9　水平投射法感光板放置位置

　　下面以犬的上下颌 X 光口片拍摄为例讲解水平放射法，图 4-10、图 4-11 为犬上下颌水平投射示意图及其影像；图 4-12、图 4-13 为右上颌摆位及其影像；图 4-14、图 4-15 为犬左上颌摆位及其影像；图 4-16 为左下颌摆位；图 4-17、图 4-18 为右下颌摆位及其影像。

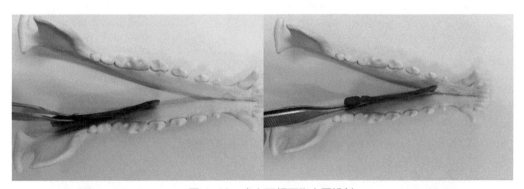

图 4-10　犬上下颌两张水平投射

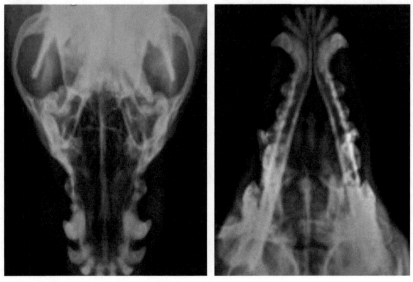

图 4-11　犬上下颌影像

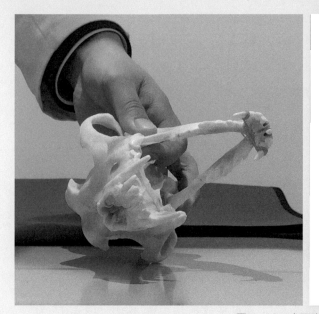

图 4-12　犬两张右上颌摆位

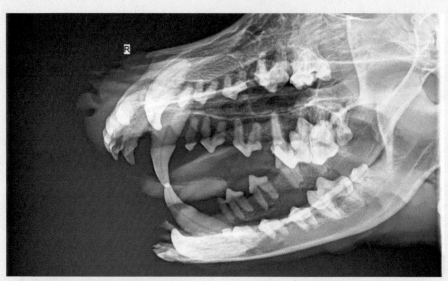

图 4-13　犬右上颌影像

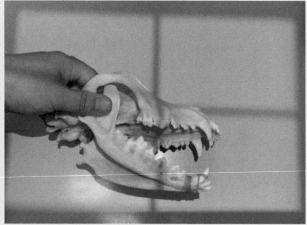

图 4-14　犬两张左上颌摆位

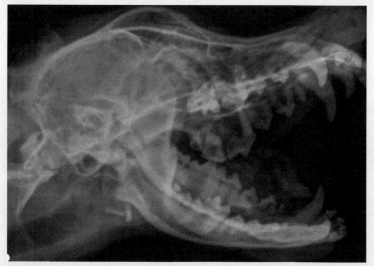

图 4-15 犬左上颌影像

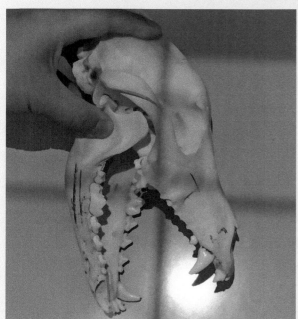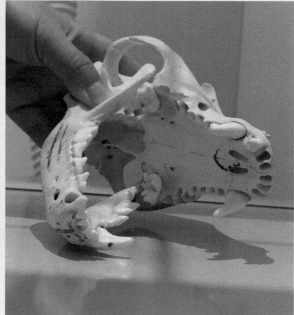

图 4-16 犬两张左下颌摆位

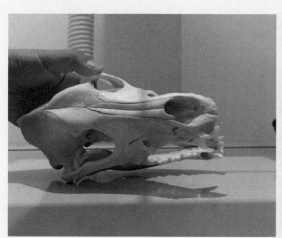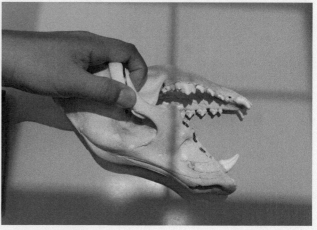

图 4-17 犬两张右下颌摆位

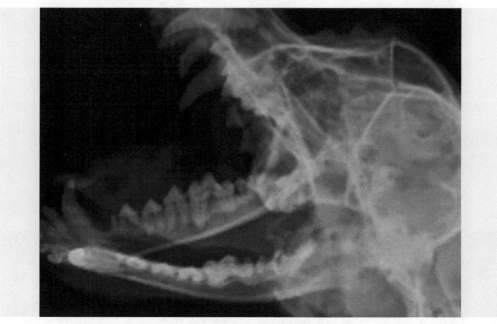

图 4-18　犬右下颌影像

## 2. 角平分线投射法

适用于上下颌的切齿、犬齿的口片拍摄。患宠牙片要最大程度保真，需要使感应板与牙体成最小夹角。首先基于牙体的正常方向、长度和形态，预估目标牙体的长轴。可以借助压舌板、手指以及器械来模拟这些平面。将感应板和长轴的夹角做一个角平分线，人为调节 X 光束以 90 度角垂直照射于该角平分线上，最终成像与真实情况将最为接近（见图 4-19）。

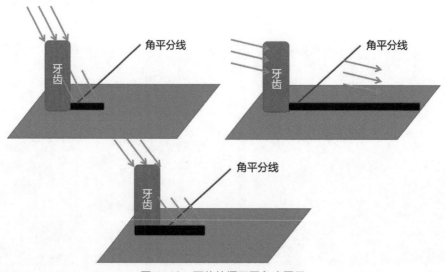

图 4-19　牙体拍摄不同角度图示

综上所述，精准确定牙体长轴很关键。因为犬常见牙体根部长度和位置不便评估，拍摄时会出现遗漏牙根尖的情况，按照经验、标准或规范来保定患宠可以规避这种情况。

拍摄牙齿与摆位的对应关系参考表 4-1。

表 4-1  拍摄牙齿与摆位的对应关系表

| 犬猫牙齿 | 摆位 |
| --- | --- |
| 上颌切齿 | 俯卧 |
| 上颌犬齿、前臼齿和臼齿 | 侧卧或俯卧 |
| 下颌切齿 | 仰卧 |
| 下颌犬齿 | 侧卧或仰卧 |

犬猫的上颌第四前臼齿摄片容易出现近中颊侧和腭侧牙根叠影。多张牙片或调整 X 光束入射角度可以分别观察两颗重叠牙体。

猫的上颌前臼齿和臼齿比较难摄片，常见牙弓与齿根和根尖的叠影。建议摆位时采用一些小沙袋使头部向上倾斜，使牙弓与操作台平行。猫牙体的不同拍摄角度如图 4-20 所示。

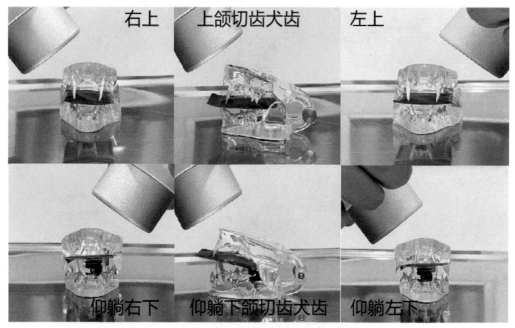

图 4-20  猫不同角度牙体拍摄

犬的上颌切齿与犬齿、下颌切齿与犬齿以及上颌前臼齿与臼齿的拍摄角度如图4-21 至图 4-23 所示。

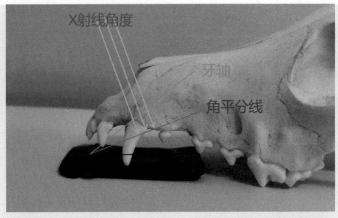

图 4-21　上颌切齿与犬齿拍摄图示（胶片与角平分线呈 20 度夹角）

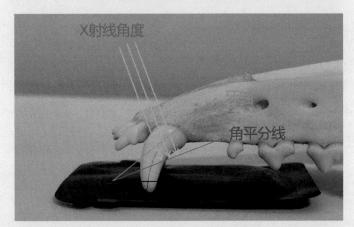

图 4-22　下颌切齿与犬齿拍摄图示（胶片与角平分线呈 20 度夹角）

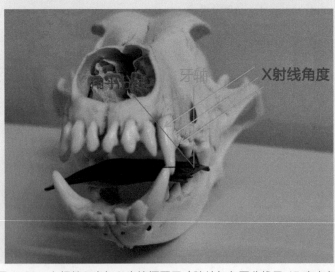

图 4-23　上颌前臼齿与臼齿拍摄图示（胶片与角平分线呈 45 度夹角）

3. 口外摄片

若口内摄片效果不佳，比如拍摄宽头骨犬的前臼齿、臼齿以及猫上颌前臼齿和臼齿，必须借助口外摄片。感应板放置于操作台上，患宠侧仰卧保定，需要拍摄的一侧尽量靠近感应板，用 X 射线可以穿透的物件撑开动物的上下颌。倾斜头部，避开对侧齿列。采用角平分线投射法调整光束摄片（见图 4-24）。

如果需要得到颚侧和颊侧齿根的清晰影像，需要在原来基础上将射线角度向头侧进行 15 至 20 度的偏移。得到图像见图 4-25。

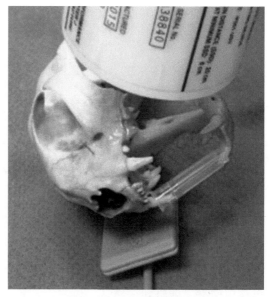

图 4-24　口外投射摆位图示

4. 视差效应

通过二维影像很难分辨哪颗牙齿更为靠近外侧。分辨犬猫上颌臼齿的近中颊根与腭根的叠影，需要了解两次投射光源的位置。牙齿位移方向与入射光束转动方向相同的呈现舌面观；反之，牙齿位移方向与入射光束转动方向相反的呈现颊面观。上述也被称

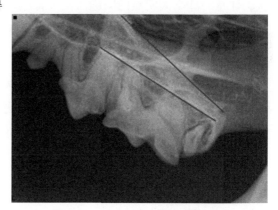

图 4-25　颚侧和颊侧齿根拍摄图示

为同向舌面、反向颊面规则，即 SLOB 规则。

## 二、图像存储

正确存储牙科放射影像极为重要。图像是合法医疗记录的一部分，必须按原样保存。通常牙科治疗前后的影像学记录均需要妥善保存。所有拔牙等改变牙齿或骨骼结构的牙科治疗都必须拍摄术前术后的 X 光片。

目前大多数软件都内置了数字图像识别功能，操作人员需要仔细核对所有新老患宠的信息。宠主的姓名、患宠的姓名和出生日期是识别身份的最低要求。若在系统中有该患宠先前的牙科 X 光片，操作人员必须对新图像进行确认，日期可以用来区分不同的影像记录。一些应用软件有快捷方式，但人员每次或每日拍摄影

像后，必须回溯已有图像文件。所有数字牙科 X 光片都应备份或复制到其他存储位置。

## 三、X 光片解读

解读宠物口腔 X 片与拍摄高水平图像一样重要。虽然并非所有的解剖特征都可以在 X 光片上看到，但熟悉宠物的口腔解剖结构有助于准确的识别和解释。请记住，有些 X 光片显示的问题仍可被视为正常，这取决于图像的拍摄角度或动物的年龄、品种和物种。

首先了解什么是符合读片要求的口腔 X 光片，评估整个摄片的曝光和显影质量，再寻找有问题的牙齿（包括牙冠和牙根）。成像应清晰，没有模糊、斑点或起雾。所有的牙根都应该是可见的，且在根尖外至少有 2~3 mm 的可见范围，以观察牙周韧带、硬膜和牙槽骨。接下来查看视图中的所有结构是否有明显的缺陷。再次，注意一些不太明显的问题。检查骨组织看起来是否正常；是否有足够数量的可见结构；X 光片是否远远超出相关牙齿的根部。

学习识别常见的病理，包括缺失或未萌出的牙齿、水平和垂直骨质流失、牙髓病变、牙根结构异常、牙根残留、牙齿吸收以及牙根骨折。这些绝不是宠物临床牙科的全部病理，但它们是利用 X 光片辨识病变的开始。应用放射影像学图像，诊断就诊病例是相关工作的核心。宠物牙科的执业人员务必多加学习和练习，加快识别几种常见口腔疾病的速度。

## 四、常见失误

失误通常见于拍摄摆位、视野不当和曝光过度、传感器圆锥切割和曝光过度或不足。在图像中，牙齿分叉区域的牙体被拉长会影响病理判读；被前缩则会导致骨丢失现象出现，甚至导致兽医看不清楚病理。注意，X 光片上的牙齿应该看起来像口腔中的牙齿，具有适当的牙冠与牙根比。

## 五、异宠牙科影像

### （一）材料和设备

拍摄异宠的牙科 X 光片最好使用传统的牙科 X 光设备。如果没有牙科 X 光设备，千伏数（kVp）为 45~70 之间，300 mA，放射时间为 0.008~0.016s 的 X 光设备也可用于较大的啮齿动物和兔子的口外 X 光拍摄；但是确保动物正确摆位更难。非屏蔽 X 光片的解析度比标准盒内 X 光片的解析度更好。动物需要镇静或全身麻醉，以确保其拍摄 X 光时保持不动，因为异宠动物大多数都太小，很难用铅手套保定，并且手套容易遮挡重要的病理变化。

1. 兔子和啮齿动物

对于兔子及其他啮齿动物，应首选口外颅骨 X 光片，因为它们的口腔小，甚至很难放入口内胶片，更不用说获得诊断图像了。可以使用 4 号手动牙科胶片拍摄此类物种大多数动物的整个头骨，也可以使用 2 号数字牙科传感器，多次拍摄后将图像组合在一起，以获得上颌骨和下颌骨的完整图像。

为了正确诊断，应拍摄四个颅骨视图：侧位、两个斜侧位和背腹位。侧位图是最有用的，可用于评估动物的咬合、牙冠或牙根的情况，以及下颌腹侧的任何骨骼变化（见图 4-26）。这个视图的缺点是嘴巴的左右侧是重叠的。从左至右和从右至左，以大约 45 度角，拍摄两个斜侧位视图，可以显示根尖及其周围的骨骼的细节，这个视图的优点是左右侧口腔结构没有重叠。背

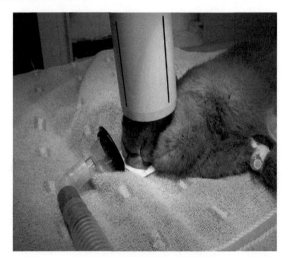

图 4-26　兔的侧位牙片摆位

腹视图可以显示颅骨是否对称（或不对称），以及包括眼眶在内的骨骼轮廓是否规则。

2. 雪貂

拍摄雪貂口腔牙片的目的与犬猫口腔牙片相同：确定牙周附着组织的丧失程度，断裂牙齿的牙髓暴露程度和根尖周变化，评估口腔肿块及其他口腔问题，包括牙齿缺失或阻生齿、乳牙滞留、死牙、下颌骨折等。

雪貂的摆位与猫的摆位大致相同。不建议从口外拍摄牙片，因为在口腔内使用牙科胶片（尺寸 0、1、2）可以获得更好的图像。角平分线法用于获得上颌牙齿的口内图像，而平行法在大多数情况下可用于获得下颌前磨牙和下磨牙的口内图像。一些数码牙科 X 射线传感器太宽，无法放入口腔内进行标准口内拍摄。在这种情况下，可以拍摄上颌牙齿的口外斜视图，使用角平分法获得下颌牙齿的口内视图，其中 X 射线传感器应垂直于牙齿放置并尽可能深入口腔。利用手动牙科胶片或数字传感器都可以轻易获得犬齿的口内 X 光片。

### 3. 豚鼠

豚鼠须增加一个特殊的拍摄视图，那就是吻—后视图。拍摄该视图时，动物呈背卧位，鼻子向上朝向 X 射线放射管，胶片放置在头骨下方。豚鼠颊齿的咬合角度决定了，该视图是观察是否存在咬合异常的最佳视图；咬合正常的豚鼠的上、下颊齿中间会分别出现一条透明斜线。注意评估以下内容：牙根部是否伸长；咬合面的形状——正常的门牙是凿子形，颊齿是均匀的"锯齿"状，而波浪形或阶梯形则是咬合不齐的表现；牙槽骨和龈下牙冠之间应该存在一条透明细线，而没有这条线可能表明牙齿槽骨粘连，而透明区域增加则表明可能有脓肿。

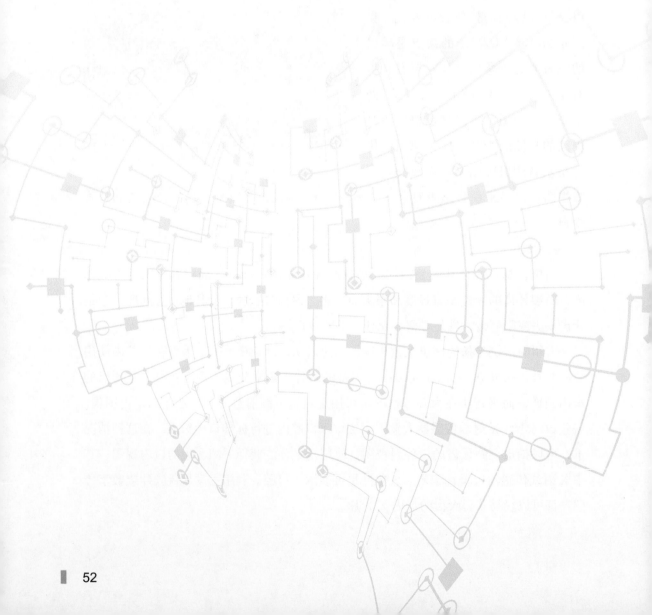

# 任务五 | 高阶影像操作

## 一、CT技术

鉴于目前在大中城市的宠物医院中电脑断层扫描（computed tomography，简称CT）和磁共振设备的装机量不断增加，有必要在此章中简单介绍一下相关内容。

CT的放射成像原理和X光一样，但是将多个断层影像结合，生成电子图片，重建成了三维立体影像（见图4-27）。一般CT被认为是骨成像的最佳方式，在犬猫口腔颌面外科领域，比如颌骨骨折修复、肿瘤外科手术、外科重建和颞下颌关节（TMJ）功能障碍治疗中越来越常见。利用这类高清三维图像，3D打印机可以方便地创建或复制全比例模型，以便复杂手术进行预先规划和置备耗材。当然由于CT需要特殊许可、大量空间和特殊的房间；进行CT扫查时，患犬患猫需要大量镇静或全身麻醉；相关图像通常需要由影像专科医师解读，大范围的普及还有待时日。

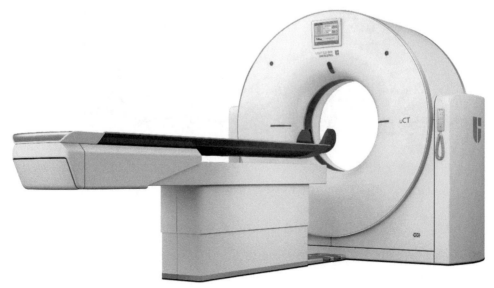

图4-27　CT设备

## 二、磁共振成像

磁共振成像（magnetic resonance imaging，简称 MRI）是利用核磁共振原理，依据原子核能级跃迁所释放的能量在物质内部不同结构环境中不同的衰减，通过外加梯度磁场检测所发射出的电磁波，获得构成这一物体原子核的位置和种类，据此绘制出物体内部的结构图像（见图 4-28）。由于不依靠放射性物质成像，运行 MRI 设备对现场的工作人员和宠物没有辐射。MRI 造影结果也可用于数字重建，并允许3D 打印。传统观念认为 MRI 成像对软组织有优势，但对骨成像不理想。随着成像技术的改进和分辨率的提高，MRI 成像的适用范围正在扩大。MRI 设备同样需要特殊的房间、专门的许可证、大量的空间、训练有素的工作团队和影像专科医师来判读影像。目前 MRI 设备的可用性仍然是常见的限制因素，此外其也需要对犬猫进行重度镇静或全身麻醉。鉴于目前牙科 X 光片、CBCT 和标准 CT 等技术的可用性较高，预计 MRI 短期内不会被广泛应用于常规犬猫牙科成像。

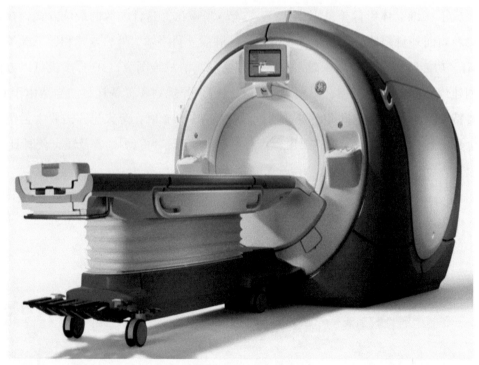

图 4-28　MRI 设备

### 三、锥形束断层扫描

锥形束断层扫描（cone beam computed tomography，简称 CBCT）技术被越来越广泛地应用于宠物口腔疾病的诊断与分析，尤其是将其与数字化的图像分割及三维重建技术相结合，使三维测量活体牙形态成为可能，可辅助更为精准的牙髓病诊疗方案设计。在许多情况下，其分辨率优于牙科 X 光片和标准 CT，尽管分辨率可能会受到所选择的软件的影响。CBCT 在小区域和小结构成像方面表现出色。CBCT 可用于识别失败的牙髓治疗、牙周病导致的小面积骨丢失，并允许在没有重叠结构（如颧弓）的情况下对猫上颌牙齿进行成像。此外，CBCT 单元的占地面积往往小于标准 CT 设备，可在牙科套件中使用，无需移动患宠即可进行成像。缺点是其将产生更多的辐射，分辨率受软件的影响，不适用于稍大区域的成像。

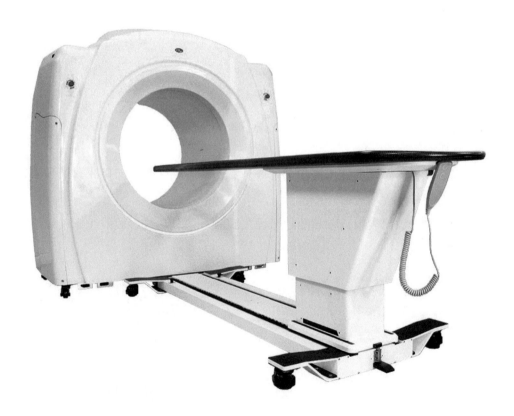

图 4-29　CBCT 设备

# 任务六 犬口腔 X 光片拍摄实践

## 一、实操目的

牙齿、牙周组织和上下颚的诊断成像。

## 二、材料与设备

动物：实验动物。

器材：手持式牙科 X 光机及配套材料。

## 三、操作过程

### 1. 上颌门齿和犬齿的咬合视图

将胶片水平放置在上颚犬齿牙冠上并抵着硬颚，确保胶片向口腔深处插入，同时让门齿的切缘与胶片边缘齐平。

从侧面看，假想犬齿长轴和胶片平面之间有一条分角线，放射线光束应垂直于分角线照射。

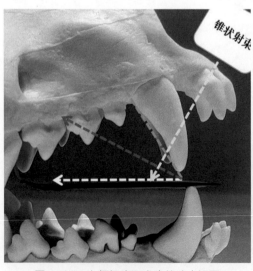
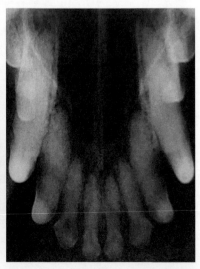

图 4-30　上颌门齿和犬齿的咬合视图　　图 4-31　上颌门齿和犬齿的影像图片

黄色线：放射线光束；蓝色线：牙齿的长轴；白色线：胶片／感测板／磷光片的平面；红色线：蓝色线和白色线的分角线（见图4-30、图4-31）。

**2. 上颚犬齿的侧向视图**

将胶片水平放置在上颚犬齿的的牙冠上并抵着硬颚，确保犬齿的尖端贴近胶片同侧前角放置。

从正面看，假想犬齿长轴与胶片平面之间有一条分角线，放射线光束应垂直于分角线照射（见图4-32、图4-33）。

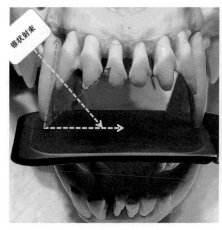 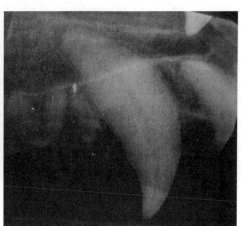

图4-32 上颚犬齿的侧向视图　　　　　图4-33 上颚犬齿的影像图片

**3. 前上颚颊齿的侧向视图**

将胶片尽可能贴近硬颚放置（胶片摆放位置通常与图4-32类似）。

从正面看，假想第二或第三前臼齿的长轴与胶片平面之间有一条分角线，放射线光束应垂直于分角线照射（见图4-34）。

上颚犬齿和前臼齿前部通常可以出现在同一张视图中（见图4-35）。

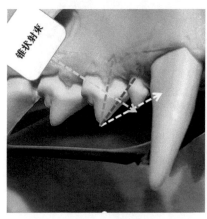 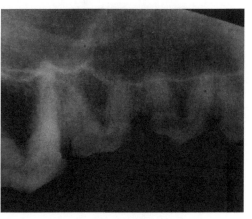

图4-34 前上颚颊齿的侧向视图　　　　　图4-35 前上颚颊齿的影像图片

**4. 后上颚颊齿的侧向视图**

将胶片尽可能贴近硬颚放置。

从正面看，假想第四前臼齿的近心颊侧牙根长轴和胶片平面之间有一条分角线，放射线光束应垂直于分角线照射。

为了精确评估所有牙根，可能需要拍摄额外的放射线影像，并将放射线束从初始位置向前侧或后侧略倾斜（见图4-36、图4-37）。

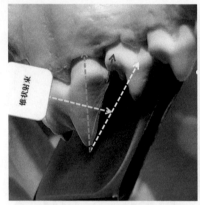 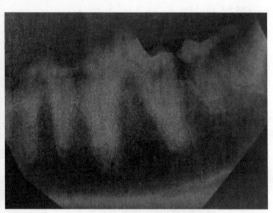

图4-36　后上颚颊齿的侧向视图　　　　图4-37　后上颚颊齿的影像图片

**5. 下颚门齿和犬齿的咬合视图**

将舌头拉出并将胶片放在犬齿牙冠上，确保胶片插入口腔深处，同时让门齿的切缘与胶片边缘齐平。

从侧面看，假想犬齿长轴和胶片平面之间有一条分角线，放射光束应垂直于分角线照射（见图4-38、图4-39）。

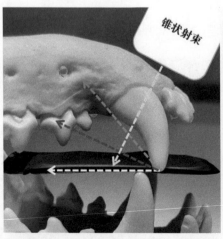 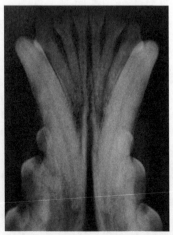

图4-38　下颚门齿和犬齿的咬合视图　　图4-39　大颚门齿和犬齿的
　　　　　　　　　　　　　　　　　　　　　　影像图片

### 6. 下颚犬齿和门齿的侧向视图

将舌头拉出并将胶片放在犬齿牙冠上，确保犬齿尖端贴近胶片同侧的前角放置。

从正面看，假想犬齿的长轴与胶片平面之间有一条分角线，在一些病例，放射线束照射与分角线的角度必须略大于90度，以避免犬齿根尖与下颚骨联合重叠（见图4-40、图4-41）。

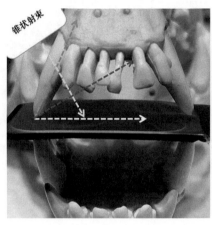

图 4-40　下颚犬齿和门齿的侧向视图　　　图 4-41　下颚犬齿和门齿的影像图片

### 7. 前下颚颊齿的侧向视图

将胶片尽可能贴近下颚放置，并且向前侧以利于拍摄到第一前臼齿（摆位通常与图 4-40 类似）。

从正面看，假想第一、第二或第三前白齿的长轴与胶片平面之间有一条分角线，放射线光束应垂直于分角线照射（见图 4-42）。

通常可以在同一视图上观察到下颚犬齿和前白齿前部（见图 4-43）。

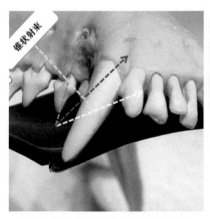
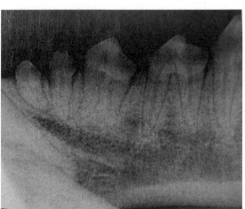

图 4-42　前下颚颊齿的侧向视图　　　图 4-43　前下颚颊齿的影像图片

## 8. 后下颚颊齿的侧向视图

将胶片放在下颌骨和舌头之间，尽可能贴近骨头并平行于下颌骨体的长轴。

将放射线光束对准下颚第一臼齿，垂直于胶片照射（见图4-44、图4-45）。

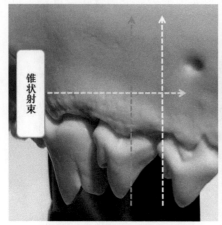

图4-44　后下颚颊齿的侧向视图

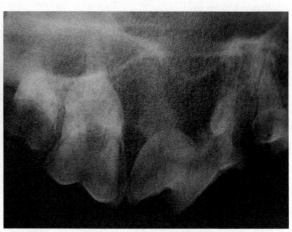

图4-45　后下颚颊齿的影像图片

### 四、实操练习

学生分组，按操作步骤进行练习。

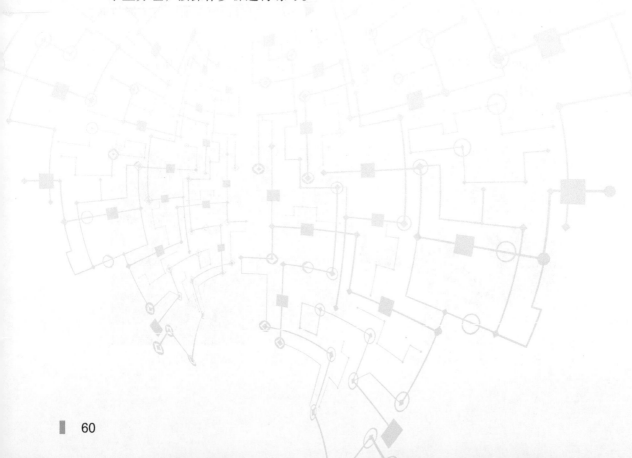

# 小动物洁牙

· 学 习 目 标 ·

❶ 理解小动物洁牙的意义。

❷ 掌握小动物洁牙的几种方法。

❸ 初步掌握小动物洁牙技术。

传统上的动物牙科护理是去除可见的牙结石，并考虑拔除已松动的牙齿。目前的动物牙科护理的出发点是去除疼痛根源，而不是去除表面可见的异常。牙科的很多病变是长期忽视病因、病程时间太长而导致的。虽然人类牙医学已经发展到了非常高的水平，宠主也具有牙齿护理的消费理念，但不太可能主动到宠物牙科，定期的牙科护理还是需要兽医师的推广和普及。

洁牙的操作频率主要需要根据犬猫牙齿的日常保养程度、个体体质以及日常饮食来确定，建议每年定期体检，让医师判断是否需要进行牙齿的日常保养。通常推荐一年洗一次牙。

## 任务一 口腔检查

### 一、洁牙流程认知

犬猫在口腔病早期，并不会表现出明显的症状，因为其祖先在野外生活中会有意掩饰自身的疾病，以免被天敌捕食。犬猫的这种天性，容易导致宠主将宠物的相关行为与衰老联系起来。但是在正确解决牙科问题之后，宠物的相关行为特征将迅速改善。宠物洁牙一般分为四步。

第一步，全麻。与人类牙科不同，小动物洁牙一定是在全麻后进行的。

第二步，洗牙。与人类牙科洗牙类似，小动物洁牙也是通过超声波震动让结石崩解的。超声波震动会产生高温，需要持续用喷射的水流降温，而且超声波与牙齿表层接触的时候会产生尖锐刺耳的声音。一旦小动物进入稳定的麻醉状态，就可以启动洗牙机器，将其轻柔地与牙齿表面接触，让超声波震碎牙结石，并且用刮牙刀把牙龈囊内的牙结石清除。

第三步，抛光打磨。把所有牙结石清除干净之后，就开始抛光打磨。牙科专用浮石粉，可以让牙齿表面光滑，牙垢不易附着上去。

第四步，护齿。以上一系列工作完成之后，使用水流把空腔冲洗干净，然后使用牙科治疗台上的喷气设备将牙齿表面吹干，最后再涂上护齿隔离凝胶，就可以显著降低牙菌斑或牙结石形成的概率。

### 二、麻醉前口腔检查

#### 1. 牙科探针检查

如果犬猫的性格良好，可在麻醉前进行简单的口腔检查，例如查看牙结石等级，对牙齿的健康程度进行粗略的评估，并在麻醉稳定后逐一检查每颗牙及其周围的组织。牙科探针可用于检查牙周袋，其上有刻度，如果测得深度在正常范围外（犬超过 3 mm，猫超过 1 mm），即为牙周病变。应该记录每一颗牙齿的状况，便于在术后与主人沟通。

探针还可用于检查牙龈的健康程度，按照 0~3 进行评分，0 是健康的牙龈；1 是轻微炎症，表现为牙龈肿胀，边缘发红；2 是中度炎症，表现为用探针探查时会出血；3 是重度炎症，表现为稍微触动就会出血。如果犬猫患有严重的牙周病，而且在探诊后被怀疑有广泛的骨吸收时，应当进行 X 线诊断。

### 2. 病史了解

由于多种原因，患宠的病史很重要。很多时候，患宠的病史中的线索可以引导我们找到特定的牙齿病变。一些全身性疾病可能对口腔健康产生影响。例如患有过敏性疾病的犬常见牙髓腔暴露，有异常出血病史的动物在口腔外科手术后会继续出血。

特别注意可能影响麻醉的事项，例如心肺功能。其他值得注意的事项包括面部扩大、出现引流道、淋巴结肿大、饮食行为改变或极端的行为变化。

### 三、全麻口腔检查

全麻口腔检查可在患宠麻醉前或麻醉诱导后立即进行。应尝试对整个口腔进行一次彻底检查，以便了解可能涉及的病因。需要检查的具体内容包括犬猫的品系类（是否短头品系）、咬合异常、牙龈或唇组织溃疡、上颚病变、舌下病变、牙齿断裂、牙齿变色、活动能力增加、龋齿或吸收性病变、异常气味、牙缺失、双排牙、牙齿周围的牙槽骨扩张或任何类型的口腔组织增大。

**任务二** 龈上结石去除

龈上结石通常是通过动力设备和随后的手工刮洁来去除的。手动洗牙可能非常有效，但当用作去除牙结石的唯一方法时，会非常耗时。常用的手动工具有用于破解大量的松散结石的牙垢钳和洁牙器、刮匙等。洁牙器有锋利的尖端，仅在牙龈线以上使用。锋利的尖端有助于清洁某些牙齿中的小凹槽。刮匙具有钝的"脚趾"和弯曲的背部，在牙龈线上方和下方都可以使用。大多数操作者将刮匙用于牙龈线以下的精细工作。

大多数龈上结石的去除是利用动力设备完成的。所有电动设备都会产生气溶胶，其中的细菌可在操作室空气中传播数米。为了减少气溶胶的危害，建议操作人员戴上口罩、护目设备和手套。

对患宠的保护应包括遮盖眼睛和在咽部放置纱布，这有助于防止患宠吸入含有微生物的结石和液体。

### 1. 超声波洁牙

超声波洁牙是利用超生波与水产生的"空泡现象"，来清洗牙齿上的牙结石（见图5-1）。在手术开始之前冲洗口腔，减少细菌的数量。中度到重度的结石可先用结石钳去除，但务必小心。使用超声波洁牙时，应更换不同型号的工作头，但任何工作头均不能垂直于牙齿表面。此外，应确保出水量充足，保证工作界面获得足够的液体动能，并达到冷却工作头和冲洗的目的。超声工作头在每颗牙齿上停留的时间应不超过9 s。

超声波洁牙可用于去除龈上结石、菌斑以及磨光牙面，以延迟菌斑和牙结石的再沉积，但由于工作范围狭窄超声波洁牙可能无法清除所有的牙菌斑，此外高强度的震动也不适合用于清除龈下结石。

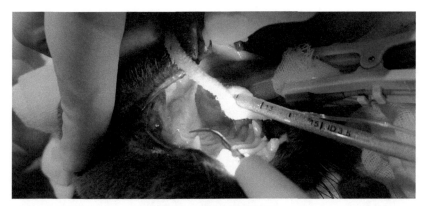

图 5-1　犬超生波洁牙

### 2. 喷砂洁牙

喷砂洁牙是指通过喷砂枪把喷砂粉喷向牙表面（见图 5-22），其可以清除牙齿间隙中的牙菌斑和色素斑，但不能直接用于清除牙结石。如果使用碳酸氢钠，还可能会导致钠超载。

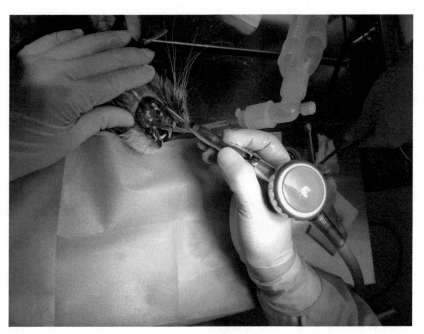

图 5-2　犬喷砂洁牙

### 3. 气动洁牙

气动洁牙利用由空气能量转化的 6 000 ~ 6 500 Hz 的振动能量来去除牙结石（见图 5-3）。与超声波洁牙机相比，气动洁牙的手柄可在高压灭菌锅中消毒，且声波振动小，更加舒适，椭圆形的洁牙轨迹在彻底清洁的同时对牙齿无任何伤害。

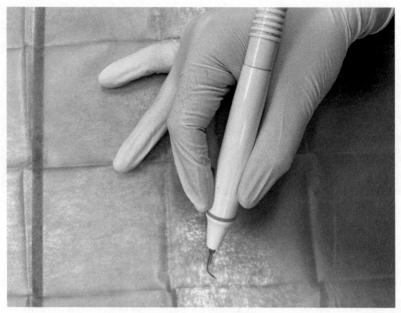

图 5-3　气动洁牙器

任何类型的声波和超声波设备如果使用不当，都会造成损坏。注意事项包括：

（1）仅使用尖端，这是最有效但造成损伤最小的区域。

（2）每颗牙齿的清洁时间应少于 15 s。器械损伤也可能造成一颗牙死亡。若确需要长时间工作，建议多次、分步操作。

（3）轻触实际上比重压更有效。太大的压力会使尖端停止运转并降低洁牙机的有效性。

（4）操作手法应尽量轻柔，因为牙龈组织非常脆弱。

（5）在牙龈线下操作器械，需要特别注意。

（6）一般来说，更高频率的设备的工作噪音更低，并且可以提供更小的尖端偏移。

（7）喷水对于冷却和冲洗碎屑至关重要。应事先调整喷水，直到产生细小的水"光环"。

（8）所有的电动设备都会产生雾化碎片，形成带菌的气溶胶，应尽力预防。

（9）定期更换工作端。随着尖端的磨损，设备的功率会降低，需要不断地将功率调高，导致手柄过热的情况发生。洁牙机尖端通常带有用于跟踪磨损量的磨损指南。将尖端靠在导轨上就会指示何时需要更换。一般建议每 6～9 个月更换一次洁牙机耗材（假设每周接诊处理 5 例洗牙病例）。

## 任务三　龈下清洁操作

与龈上除垢相比，龈下除垢是整个操作过程中最不"显山露水"的部分，但对宠物来说却是手术过程中最重要的部分。龈下清洁的目的是去除牙根表面的牙结石和牙菌斑，使正常牙周结构重新附着于牙根。龈下清洁涉及动力设备和手动器械的结合，分为3个不同的步骤：龈下刮治（去除牙结石）；牙根刨刮（平滑粗糙表面）；龈下刮除术（龈袋内侧的软组织清创术）。

口腔细菌繁殖和宿主免疫反应的共同作用可能导致牙齿的支撑结构逐渐丧失，包括附着的牙龈、牙槽骨、牙周韧带和牙骨质。平时护理不当的犬猫口腔中，牙龈和牙体之间会形成牙周袋。操作人员需要通过将牙周探针轻轻地放置在牙齿周围几个位置的牙龈边缘下方来检测牙周袋，寻找深度增加的区域（见图5-4）。猫的探测深度大于 1 mm，犬的探测深度大于 2~3 mm，即为牙周袋。牙周袋会容纳牙龈边缘的牙菌斑、牙结石以及异物。牙菌斑会矿化成为牙结石，牙菌斑在矿化表面又可以形成新的菌斑滞留表面，更多牙菌斑被矿化并形成更多牙结石。这种斑块保留和矿化的循环不断进行，牙周袋会变得更深。这个过程会最终导致正常附着的大量损失，严重时甚至无法纠正治疗。

清洁牙周袋时需要考虑的一个重要的因素是牙周袋的深度。一般来说，深度达 5~6 mm 的宠物牙周袋可以在超声波洗牙设备和手持器械的组合应用下有效清洁。深达 5~6 mm 的牙周袋同样是使用抗生素凝胶作为辅助治疗的常见位置。抗生素凝胶是强力霉素和缓慢溶解的聚合物的组合。溶解后，高浓度抗生素被释放到牙周袋中。该产品可抵抗感染，抑制组织破坏过程，并有助于防止碎屑和斑块填充缺陷。但是抗生素凝胶不能彻底清洁牙根表面，不能对结石进行消毒。

进行龈下清洁操作时，首先对所有牙周袋进行射线照相，以确保牙齿没有任何妨碍治疗的病变。刮匙是专在牙龈线下使用的工具。刮匙有一个钝的"脚趾"和一个弯曲的背部，这使得它们造成的伤害较小。图5-5、图5-6显示的是如何在牙龈线下正确使用刮匙。注意刮匙应采取不同的方向，以确保牙根表面光滑。然后冲洗牙周袋，以去除所有的松散碎屑。可以轻轻地将空气和 / 或水流吹入袋中，以观察根部表面并确认是否进行了充分清洁。应去除所有的牙菌斑和牙结石，直至目测牙根部表面洁净，方可放置抗生素凝胶。

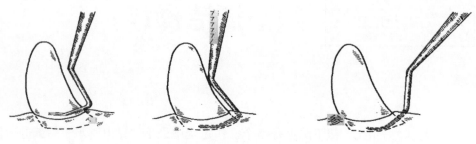

图 5-4　探针放入牙周袋适应校正操作角度

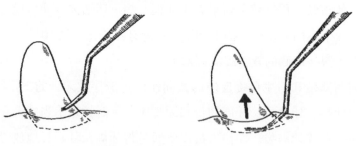

图 5-5　去除牙结石

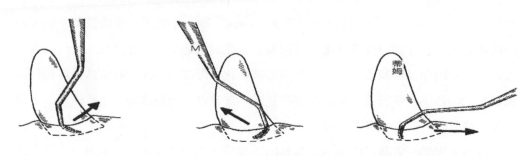

图 5-6　在几个不同的方向刨刮有助于制备光滑的牙表面

## 任务四　牙齿表面抛光

　　平滑的牙齿表面可减少牙菌斑滞留并减缓牙结石的形成。使用抛光杯抛光时，转速不宜超过 5 000 rpm，每个工作面的抛光时间应控制在 15 s 之内。要注意操作时不要卷到毛发。抛光时应稍稍用力将抛光杯向下压使其变形，以避免损伤牙体。抛光后应使用三用喷枪再次冲洗口腔。

　　洁牙和抛光后，牙龈沟中会出现散落的牙结石和抛光材料。应清除这些碎屑以防止软组织受到刺激。水、盐水或稀次氯酸溶液都是有效的冲洗剂。

**任务五 宠物居家护理**

手术结束后，关闭麻醉机，第一时间拿出宠物口中的纱布，让其吸纯氧，采用复吸式回路麻醉的还应该多次挤压气囊，促进气道内的气体排空。在宠物苏醒的过程中可以用热吹风机吹干头面部毛发。当宠物开始咳嗽的时候就可以拔插管了，让宠物自然苏醒。确认宠物完全苏醒后，才能将宠主领到宠物面前。

洁牙后，兽医师或者兽医助理需择机向宠主宣讲居家护理的内容。如果宠物只是进行了基础的洁牙，建议其回家后只需进行基础的居家护理即可。对于一些有创的牙科治疗（如拔牙、缝合以及根面平整），则在伤口愈合后再进行居家护理。通常请宠主在术后 3~4 周内将宠物带回来进行免费的随访，届时再向宠主进行居家护理宣讲。

兽医助理根据兽医师的专业建议，确定宠主下次随访或者检查的日期，并在内部系统登记，确保宠主可以收到提醒信息。当然洁牙和其他牙科操作的随访间隔有差别。一般为了鼓励宠主随访，可给予免费挂号或者其他优惠。

常用的宠物居家护理产品包括：

### 1. 宠物牙刷和牙膏

去除牙菌斑是宠物居家护理的首要目的，而坚持刷牙是去除牙菌斑的最佳方式。牙菌斑在进食 48 小时后开始矿化成牙结石，所以建议至少两天刷一次牙。牙菌斑一旦矿化，就会更难去除。每隔一天刷牙还有助于防止牙周病恶化，改善牙龈组织的健康状况。建议宠主每天给宠物犬刷牙两次，给宠物猫刷牙较难完成，可以考虑应用指套。

### 2. 口腔冲洗液

许多牙科洗剂均具有良好的杀菌谱，可有效减少导致牙菌斑产生的细菌，杀菌效果可持续数小时。这些产品多为喷剂，对宠主来说可能会比牙刷更方便。选择牙科洗剂时要注意有效成分，首选对人和动物安全的产品，其次避免可能会让犬猫不适、不悦的产品。一些洗剂还含有有助于消除导致口腔异味的含硫化合物。

### 3. 牙科凝胶

牙科抗菌凝胶有助于促进组织愈合。该类产品在牙周治疗后的愈合阶段非常有用。鼓励宠主坚持每天 1 ~ 2 次将少量（豌豆大小）的产品简单地擦在口腔两侧的牙龈上。这也是宠主定期检查伤口恢复情况的好时机。

### 4. 咬胶

刺激宠物撕咬的咀嚼产品，可利用机械力破坏牙菌斑以及牙结石。许多猫喜欢猫草，大多数犬都接受动物骨或者皮制的咬胶产品。但宠主需要密切监视，防止宠物将其直接吞下，异物性梗阻是需要紧急送医的。避免使用特别硬的咬胶，防止牙齿断裂。

### 5. 宠粮

市售多种口腔 / 牙科处方粮食。这些产品一般采用两种设计理念：富含膳食纤维，被咀嚼时可以去除牙菌斑；产品涂层中添加了含磷化合物（聚磷酸盐类），可以减缓牙菌斑矿化成牙结石的速度。

### 6. 长效凝胶

长效凝胶为一种蜡状材料，无色无味，通过静电荷粘附在牙齿表面。该产品会逐渐剥落，并带走附着在牙齿表面的牙菌斑，其去斑效果可持续两周。这类产品可定期涂布使用，适合不便进行刷牙的宠物。特别在有创牙科术后的愈合阶段可以避免术部操作，不用刷牙就达到护理效果。

## 任务六 相关设备和仪器保养

### 一、定期检查仪器设备

需要定期检查电动洁牙机的工作头以及杆体。弯曲或断裂的工作头会降低仪器的效率，导致机器过热。应遵循相应的说明书，判断器械是否需要更换或者保养。

压缩机需要定期检查和更换机油（遵循说明书建议），有时可能需要清洁或更换空气／水过滤器。风扇也应定期清洁。如果有储气罐，应将其冷凝水排干。

### 二、器械养护

牙科器械的养护是指打磨缩放器和刮匙，使其开刃保持锋利。要检查器械的锋利度，可手持器械去切割一根亚克力杆，如果足够锋利，刃口会从棍子上削掉一薄片或者嵌入杆体，而刃口如果已经变钝，就可能从表面滑过。也可以肉眼对光，观察刃面。打磨之前必须清洁器械，打磨锐化后清洁残留物并消毒，以避免污染反复使用的打磨石等。市售多种磨刀石，常见的有阿肯色州石、印度石、锥形石（都需要用油），陶瓷石（不需要用油），以及专门的打磨机。

一种常见的打磨锐化技术是固定器械／移动磨刀石。将油均匀涂在磨刀石上，器械放在柜台边缘上，平行于地板，尖端朝向操作人员。另一只手用拇指和食指握住石头的顶部和底部。磨刀石与仪器的角度大约为15度，即将磨刀石放在11点钟或1点钟位置。在保持正确角度的同时，上下移动磨刀石两到三个短行程，以向下行程结束。如果是打磨通用器械，则在另一侧进行重复操作即可。对于刮匙，磨刀石需要围绕前部旋转以保持"脚趾"的形状。最后一步是取出锥形石并沿器械表面滚动以去除在刃缘形成的刺突。

# 任务七　犬猫刷牙实践

## 一、实操目的

保持日常的口腔卫生，防止牙菌斑和牙结石的滋生。

## 二、材料与设备

动物：宠物犬猫。

器材：纱布条、无菌生理盐水、牙刷、牙膏、含甲硝唑的漱口水。

## 三、操作过程

宠物犬猫洁牙的方法有多种，最常用的方法就是刷牙。刷牙被称为犬猫牙齿清洁的"黄金标准"。犬猫的刷牙方法有2种：

**方法一　指套刷牙**

（1）取适量长度的纱布条，在食指末端上缠绕2~3圈，制成简易的洁牙工具；

（2）缠绕好后，蘸取适量的无菌生理盐水；

（3）将该手指放于嘴唇下侧，用湿润的纱布依次擦拭牙龈、牙缝，进行牙齿清洁（见图5-7）；

（4）等犬猫完全适应了这种清洁牙齿的方法后，可以尝试着换成专业牙刷。

**方法二　牙刷刷牙**

用犬猫专用牙刷和牙膏，对牙冠

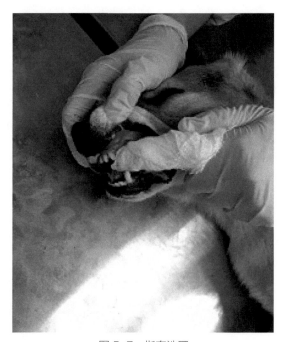

图 5-7　指套洗牙

和牙龈进行清理。具体刷法和人刷牙相似：

（1）在牙刷挤上适量牙膏，牙刷与牙齿保持 45 度左右；

（2）单手握住犬嘴巴，掀开嘴唇，清洗牙齿和牙龈，在牙齿和牙龈之间转圈刷洗，清洗牙菌斑和牙垢；

（3）上下刷洗，清理牙缝中的牙石，直到牙齿表面干净；

（4）用含甲硝唑的溶液冲洗口腔，将异物和牙膏清理干净。

## 四、实操练习

学生分组，按操作步骤练习。

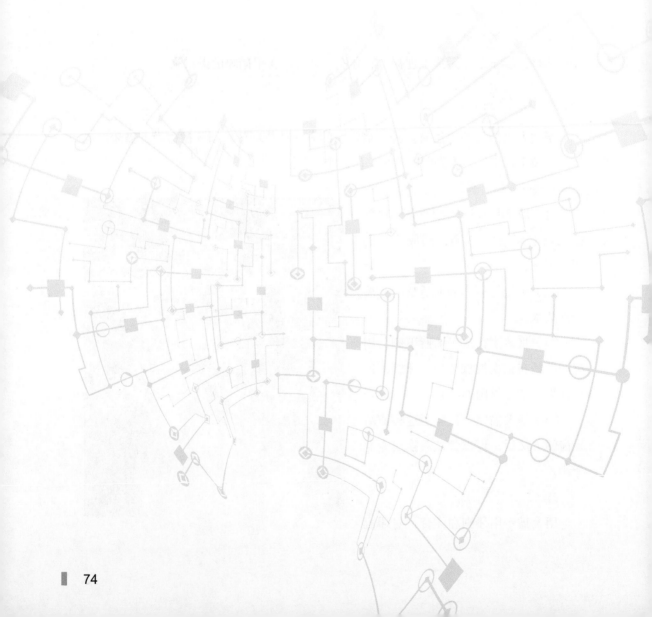

# 任务八 犬超声波洁牙实践

## 一、实操目的

去除牙菌斑和牙结石并磨光牙面，以减少牙菌斑和牙结石的再沉积。

## 二、材料与设备

动物：实验动物。

器材：超声波洁牙仪、气体麻醉剂、气管插管、牙结石移除钳（或拔牙钳）、手持式结石刮、牙科口镜、抛光膏、牙科探针、无菌生理盐水、甲硝唑溶液、无菌纱布。

## 三、操作过程

犬超声波洁牙的操作过程如下：

（1）进行牙周检查并拍摄临床影像和放射线影像来评估病况；

（2）使用稀释的氯己定溶液冲洗口腔；

（3）使用牙结石移除钳移除大块的牙结石沉积物，经适当练习，也可以用拔牙钳完成；

（4）使用牙科口镜将唇部和颊侧向外侧牵引，并将舌头向内侧牵引；

（5）使用洗牙机移除牙龈上和牙龈下的牙菌斑及牙结石：

①将结石刮匙尖端朝向根尖（并非牙冠）以避免高温的器械接触到软组织，并将结石刮匙尖端与牙菌斑所在部位的间距保持在 2~3 mm，且夹角不超过 15 度；

②确保大量的水流，结石刮匙尖端在牙齿表面上持续移动，但不要在任何一颗牙齿上连续使用超过 15 s；

（6）使用手持式结石刮匙移除残留在牙龈上的牙菌斑和牙结石。将刀锋抵在牙齿上，刀锋面与牙齿表面呈 60~80 度的夹角：

①将切削边缘引导至牙结石的根尖边缘，并对牙齿施加侧向压力；

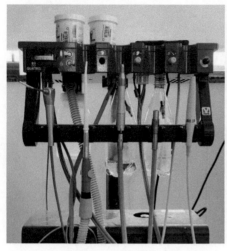

图 5-8　洗牙机

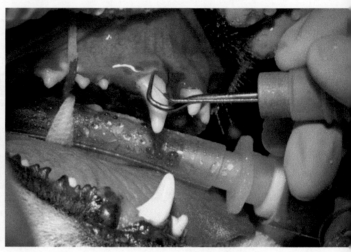

图 5-9　犬超声波洁牙

②刮除牙龈边缘上的牙菌斑和牙结石；

③用器械锋利的尖端来刮除牙冠上细薄的发育沟；

（7）使用手持式刮匙移除残留在牙龈下的牙菌斑和牙结石、整平牙根表面并刮除牙龈囊袋。将刀锋抵在牙齿上，与牙齿表面呈 60~80 度的夹角：

①小心地将器械插入牙龈沟或牙周袋内，并将刀背朝向牙龈内面，将刀锋面朝向牙齿表面；

②轻轻地将器械推向根尖，直至感觉到阻力（即到达牙龈沟或囊袋的底部）；

③紧贴牙齿表面以移除牙龈下的牙菌斑和牙结石；

④将刮匙的尖端插入牙周囊袋内，同时将刀锋面直接朝向囊袋壁，并使用尖锐的刀锋抵靠内牙龈表面以移除发炎的肉芽组织；

（8）抛光牙齿表面：

①将一个直角机头和洗牙杯固定在低速手柄上；

②蘸取抛光膏；

③以低速和低接触时间的原则，略施压力，将洗牙杯与牙齿表面贴合；

④小心地将洗牙杯缘展开于牙龈缘下方，以抛光牙龈下的牙冠和暴露出的牙根表面；

⑤冲洗牙龈沟或牙周囊袋内的碎屑和残留的抛光膏；

⑥风干牙齿表面，并用牙周探针评估牙根表面、用牙科探针评估牙冠表面，确认牙冠的平整性以及是否完全移除牙齿沉渍物；

⑦使用稀释的氯己定溶液冲洗口腔；

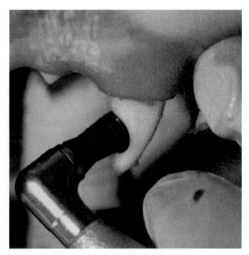

图 5-10　牙齿抛光

⑧拍摄照片以记录洗牙的操作。

### 四、临床操作技巧及注意事项

犬超身波洁牙的临床操作技巧及注意事项如下：

（1）只需轻微施加压力并保持洗牙机持续移动，使用大量水冷却结石刮匙尖端；

（2）手持式刮匙的刀锋必须保持锋利才能有效发挥作用；

（3）刷牙时用力不可过大，要上下方刷洗；

（4）患有凝血障碍性疾病的动物不宜做超声波洁牙；

（5）进行超声波洁牙时，要将刀头来回移动，切忌停留在一点上，防止对牙齿表面造成损伤；

（6）洁牙时，尽量减少对牙龈的伤害；

（7）洁牙后要抛光，否则牙菌斑会更快形成；

（8）超声波洁牙后，不要喂食过硬的日粮和高敏感性的食物；

（9）洁牙后 1 周要做好口腔保健护理工作，并适当地给予消炎和镇痛；

（10）操作时，戴上面罩等防护用品，做好自我防护。避免以下事项：

①将洗牙机的尖端而垂直于牙齿表面；

②将洗牙机的尖端直接朝向牙冠，这可能会无意中导致结石刮未经冷却的部分接触到口腔黏膜；

③洗牙机在牙齿上停留超过 15 s；

④在存在牙冠假体和修复体的区域使用洗牙机（应使用手持式器械）；

⑤进行牙龈下操作时伤害到牙齿；

⑥旋转抛光杯在牙齿上停留3 s以上。

### 五、实操练习

学生分组，按操作步骤练习。

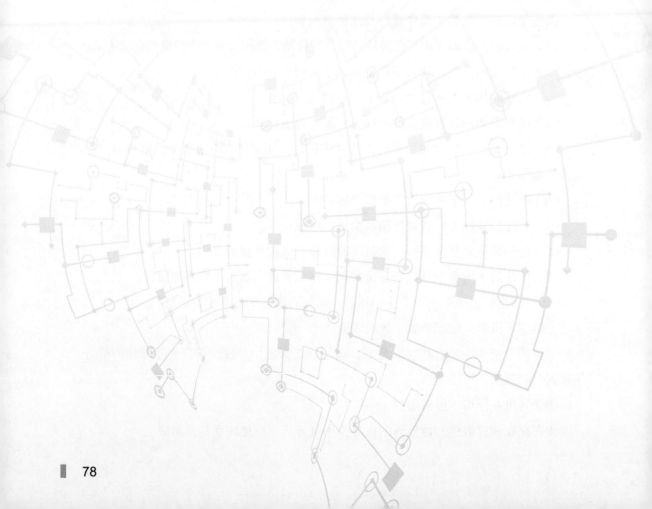

# 项目六

# 犬常见牙科疾病诊疗

• 学习目标 •

1 了解牙周病的定义。

2 了解牙周病的发病机制或发展过程。

3 了解牙周病的临床症状。

4 学会使用牙科 X 光片来诊断和评估牙周病的严重程度。

5 掌握牙周病的常用治疗方法。

6 了解牙髓的解剖结构。

7 了解牙髓治疗的适应症。

8 掌握牙髓检查的要点。

9 掌握不同类型的牙髓治疗方法。

10 了解各种牙髓治疗的步骤。

11 识别常见的咬合不全。

12 掌握每种类型的咬合不全的并发症。

13 掌握每种类型的咬合不全的治疗方法。

14 了解兽医助理如何协助兽医师进行小动物口腔手术。

15 了解不同类型的颌骨骨折。

16 学会制定颌骨骨折治疗方案。

17 了解常见的口腔肿瘤（良性和恶性）。

# 口腔解剖与检查

牙齿萌发指的是牙齿从骨骼内的发育区域迁移到口腔内功能位置的过程。每个牙齿的大小、形状和位置是由基因和个体因素所决定的，牙齿的大小和上颚及下颚尺寸无关。犬牙齿的发育始于胎儿阶段，但是犬出生时没有明显的牙冠，在出生后数周内才开始萌牙。犬正面、侧面和上下颚牙齿结构如图 6-1、图 6-2 所示。

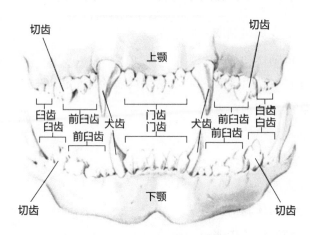

图 6-1　犬口腔正面牙齿结构

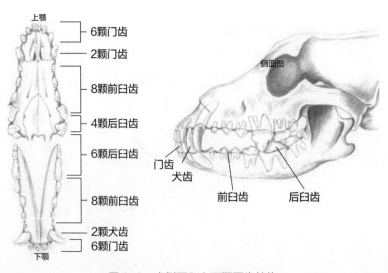

图 6-2　犬侧面和上下颚牙齿结构

## 一、犬的口腔解剖和牙列

犬有双套齿列：乳牙和恒牙。如同萌牙一样，乳牙脱落也是一个相对神秘的过程，并与牙根吸收有关。一般来说，乳牙在恒牙开始萌发之前就会脱落。如果恒牙萌发时乳牙仍然存在于口腔中，则会被定义为乳牙永存。然而，在上颚犬齿乳牙脱落之前就看到恒牙的存在被认为是正常的，而犬齿乳牙在恒牙萌发后可持续存在数天或数周。恒牙萌发和牙根生长通常伴随着乳牙牙根吸收，但即使相对应的恒牙不存在，乳牙牙根也可以被吸收。此外，还有这样的病例，乳牙留在口腔内的时间通常比预期更长，并且甚至可能在动物的一生当中都持续存在。

1. 乳牙齿列

如图 6-3（a）（c）所示，犬的第一前臼齿和臼齿并没有乳牙，乳牙总数为 28 颗：

$$2 \times \left\{ \mathrm{I}\frac{3}{3}\,\mathrm{C}\frac{1}{1}\,\mathrm{PM}\frac{3}{3} \right\} = 28$$

（I = 门齿；C = 犬齿；PM = 前臼齿；M = 臼齿。）

犬牙齿发育的最早胚胎学证据是在妊娠第 25 天。当牙根几乎发育完整时，乳牙会在大约 3 周龄时萌发。预估所有乳牙会在 40 ~ 50 天完全萌发。牙齿萌发的模式和时间通常会因个体因素而异，例如动物的健康状态、品种、性别和其他因素。相较于体型较小的动物，体型较大的动物可能更早萌牙。另外，一些牙齿雄性动物似乎比雌性动物更早萌发（如上颚第二和第四前臼齿乳牙），而一些牙齿雌性动物似乎比雄性动物更早萌发（如上颚和下颚犬齿、下颚第一门齿和第二前臼齿乳牙）。

乳牙牙冠矿化始于妊娠第 50 天左右，并在出生后 10 ~ 20 天完成，这表示矿化过程总共需要约 30 天的时间。在动物出生时便可以用放射线影像观察所有乳牙的矿化程度。牙根的形成和矿化在出生后约 40 ~ 50 天完成，并且在出生后 6 ~ 7 周完成根尖闭合。一般来说，乳牙脱落发生在 3.5 ~ 5 月龄。

2. 恒牙齿列

如图 6-3（b）（d）所示，犬的恒牙齿列是每侧上颚 10 颗牙齿，以及每侧下颚 11 颗牙齿：

$$2 \times \left\{ \mathrm{I}\frac{3}{3}\,\mathrm{C}\frac{1}{1}\,\mathrm{PM}\frac{4}{4}\,\mathrm{M}\frac{2}{3} \right\} = 42$$

（I = 门齿；C = 犬齿；PM = 前臼齿；M = 臼齿。）

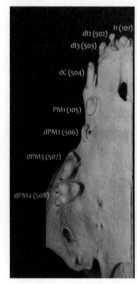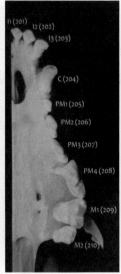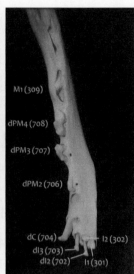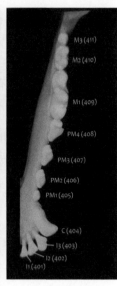

图 6-3　犬乳牙和恒牙齿列咬合面 ①
（a）右上颚乳牙；（b）左上颚恒牙；（c）右下颚乳牙；（d）左下颚恒牙
注：在图（a）和（c）中可以观察到有一些恒牙已经萌发。

### 3. 乳牙和恒牙之间的关系

乳牙和恒牙之间存在如下关系：

（1）上颚和下颚门齿恒牙会在相应乳牙的颚侧和舌侧萌发；

（2）上颚犬齿会在犬齿乳牙近心侧萌发；

（3）下颚犬齿恒牙会在相应乳牙的舌侧萌发；

（4）上颚第二和第三前臼齿恒牙会在相应乳牙的颚侧萌发；

（5）上颚第四前臼齿恒牙会在对应乳牙的颊侧萌发；

（6）下颚前臼齿恒牙通常会在对应乳牙的舌侧萌发。

个体牙齿萌发的时间表通常是不一样的，其取决于动物的健康状态、品种、性别和其他因素。

动物出生后数天可在放射线学影像中观察到下颚第一臼齿矿化。动物达到 3 ~ 4 月龄后其余所有恒牙矿化完成并可观察到完整的恒牙齿列。在动物出生后 120 天（第一前臼齿）~ 180 天（犬齿），牙根便可以生长到最终长度。在犬身上，平均来说根尖闭合发生在 7 ~ 10 月龄，而犬齿根尖是最后才闭合的。

---

① REITER A, GRACIS M. 犬猫牙科与口腔外科手册［M］. 田昕旻，罗亿祯，译. 台湾：狗脚印，2020.

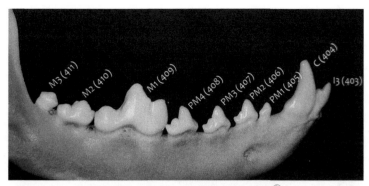

图 6-4　年轻犬的右下颚乳牙侧视图[①]

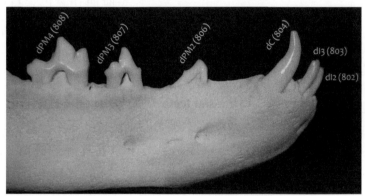

图 6-5　年轻犬的右下颚恒牙侧视图[②]

## 二、犬的口腔检查

1. 设备、器械与材料

除一些基本的设备、器械与材料外，同时需要有可调整方向的头顶灯，以便聚焦于口腔内的构造。还可能需要附带头灯的眼镜型放大镜。检查者的椅凳应有轮子且可调整高度，以便调整到符合人体工学的姿势，降低肌肉、骨骼疾病的风险。口镜、压舌板或明尼苏达牵引器有助于牵拉软组织，看到整个口腔构造。最后，口腔检查时最重要的器械——牙周探针与牙科探针通常会制成组合工具。

1）张口器与楔状开口器

当嘴巴需要保持张开，却没有手可以辅助时，可以使用张口器与开口器。这两样器械应置于嘴巴的下侧，远离检视或工作侧。这些设备由金属或类似橡胶的材质

①② 　REITER A，GRACIS M. 犬猫牙科与口腔外科手册［M］. 田昕旻，罗亿祯，译. 台湾：狗脚印，2020.

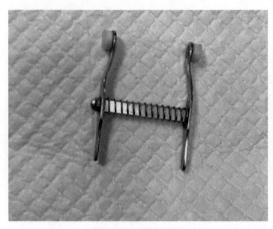

图6-6　犬张口器

制成。金属张口器有2个小的镂空圆环，可滑过上颚与下颚犬齿或其他牙齿的牙冠，中间有弹簧。镂空圆环通常包着塑胶外皮，以防意外造成牙齿断裂。如果塑胶外皮遗失，应以一些纱布保护牙齿。橡胶的楔状开口器有波浪外型，可将上颚与下颚类齿间的装置固定在适当位置。

长时间让嘴巴保持张开（如处置期间使用弹簧式张口器），会造成上颚动脉血流减少。塑胶针筒盖是便宜的替代物，可用指甲剪将其修剪成需要的长度。

2）口镜

口镜具备许多功能，也能在口内派上用场（取得镜像时见图6-7），可避免临床兽医师背部与颈部的扭转和弯曲，对于预防职场肌肉、骨骼疾病很重要。口镜操作方便，可以牵拉嘴唇和舌头，尤其是在使用电动结石刮时，结石刮前端产生的热量可能会造成组织创伤。间接照明则是口镜的另一个功能。需要聚焦于牙齿的特定区域，如在清除牙结石或整平牙根时，可利用镜面反射，将头顶灯灯光导向牙齿，以清晰地看到病灶点。购买口镜时通常会分开买握柄和平面镜面，镜面可锁入握柄。口镜头可选的尺寸为16～32 mm；最常用的尺寸包括猫和小型犬使用的3号（20 mm），以及中型和大型犬使用的5号（24 mm）。

口镜可用于牵拉和取得镜像，将其放在下颚第二臼齿后侧，可在看到臼齿的同时牵拉脸颊；将其放在右下颚第四前臼齿的后内侧，可看到牙齿的舌侧（见图6-7）。

图6-7　口镜取得镜像示意图

3）牙龈探针

牙龈探针有多种款式，不同款式的牙龈探针，柔软度、形状与针尖锐利度各不相同（见图6-8）。有些探针是对侧弯曲的双头探针，有些则是单头的。牧羊人钩厚重、无法弯曲，且不如其他器械锐利，只能用于牙龈上。因此牧羊人钩通常与其他探针搭配成双头器械。

最适合用于动物的探针为11/12 ODU型。这种探针的握柄非常长又有弹性，因此很适合检查前后牙齿，

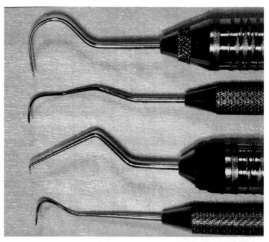

图6-8 牙龈探针

注：从上至下分别为牧羊人钩（23号）；11/12 ODU；Orban（17号）；猪尾巴。

弯曲的小型工作端同时，适用于牙龈上以及牙龈下。其针尖非常细，针点锐利，比较能发现牙齿表面的缺损。其他可用的探针包括猪尾巴（有时会称为牛角）和Orban（17号）。猪尾巴的探针细又锐利；不过弯曲度有限，无法用于更深层的区域。Orban也很利，2 mm的工作端可以弯曲到与握柄呈90度，可伸入牙龈下，却不会造成牙龈扩张；不过Orban的短工作端在处理较深层病灶时则会受到限制。

4）牙周探针

牙周探针的工作端可分为渐细、钝圆以及圆珠头几种不同的形式，可能为弧形或棒状；工作端会有间隔不同、以毫米为单位的刻度（凹槽或刻痕）。有些探针的凹槽用颜色标记，比较容易读取。目前市面上有许多不同间隔刻度的牙周探针可选用；最常用的是Williams与UNC探针（见图6-9）。

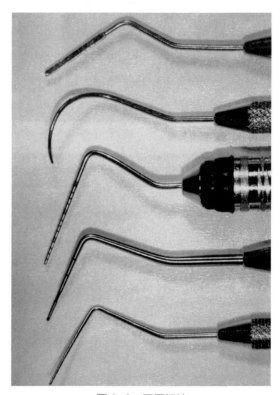

图6-9 牙周探针

注：从上至下分别为Goldman Fox探针（平头）；Nabers压根分叉探针；UNC15探针；世界卫生组织用探针；Williams探针。

Williams 探针在 1、2、3、5、7、8、9 和 10 mm 处有刻度；UNC 探针的间隔刻度则是 1 mm，有 1 ~ 12 或 1 ~ 15 mm 两种款式可选择。但对于猫或玩具犬，Williams 和 UNC 探针可能太粗，不容易伸入牙龈沟，Michigan-0 探针的刻度一般是在 3、6、8 mm 处，常为犬的首选款式，因其工作端非常细，不适合用于检查猫的牙齿（猫用的探针最好每 1mm 都有凹槽），需在订购 Michigan-0 探针时提出特别要求——采用跟 Williams 探针一样的刻度。用来评估牙根分叉处的 Nabers 探针，有弯曲的纯头，且分为有刻度和无刻度两种款式。

5）牙菌斑显示液

这种液体有单色的剂型（通常为红色），只会造成牙菌斑染色而不影响不含牙菌斑的牙釉质。也有双色的，时间比较久的牙菌斑会呈蓝色，比较近期形成的牙菌斑则呈红色。购买显示液时，有罐装的液态型，可用棉花棒涂抹，也有附带涂抹棒的款式，方便使用。显示液为水溶性，可能会让皮毛与衣物染色，但通常洗得掉。同样地，涂抹后数小时或数天，口腔软组织可见染色。

2. 口外检查

每一次的口腔检查都应该从口外开始，系统地按步骤依次检查。

1）观察

口腔疼痛或不适的病患，可能出现头部位置异常的症状；头可能不正常得低，或歪向一侧。但视觉与神经问题也有可能是造成头部位置异常的原因。垂涎的主要原因是唾液生成过量，这是由宠患因口腔疼痛而拒绝吞咽导致的。检查者也应检查脸部的对称性，鼻子、嘴巴或眼睛的分泌物、肿胀，窦管，以及皮肤病的症状，尤其是下唇和耳朵旁的皮肤的唇折，也应留意有无突眼症或眼球凹陷。

2）恶臭

患宠头部散发的恶臭，可能源自口腔（口臭）也可能源自口外，例如唇折皮肤炎、鼻异物或外耳炎。虽然大多数口臭病例是由牙周病或口腔肿瘤引起的，其仍有可能是许多其他病症造成的。口腔恶臭的原因如表 6-1 所示。

表 6-1 口腔恶臭原因

| 来 源 | 原 因 | 来 源 | 原 因 |
|---|---|---|---|
| 口内 | 牙菌斑与牙结石堆积 | 口外 | 鼻、气管与肺病 |
| | 牙周病 | | 唇炎、脓皮症 |

续表

| 来　源 | 原　因 | 来　源 | 原　因 |
|---|---|---|---|
| 口内 | 口炎 | 口外 | 糖尿病酮酸中毒 |
| | 骨髓炎与骨坏死 | | 尿毒症、肾衰竭 |
| | 口腔肿瘤 | | 肝功能不良造成的高氮血症 |
| | 异物 | | 胃食道逆流、胃炎与呕吐 |
| | 口鼻相通 | | 咽、食道与胃肿瘤 |
| | 未愈合的口腔伤口 | | 咽炎、喉炎与气管炎 |
| | 细菌、病毒与真菌感染 | | 食欲不振、采食滚烫的食物 |
| | | | 支气管炎与肺炎 |

3）鼻症状

鼻症状可能单侧出现或双侧都有，具体表现为打喷嚏、鼻分泌物异常、鼻出血，以及气流通畅度下降。由于口腔与鼻腔的位置相近，因此应考量鼻与口病症关联的可能性。举例来说，如果上颚犬齿的颚侧有很深的牙周袋，就会导致口腔病症（严重牙周炎会造成齿槽骨流失）合并继发性鼻病症（口鼻瘘管会导致鼻炎以及单侧鼻分泌物的出现）。以手指堵住一边的鼻孔，接着在未堵住的鼻孔前放一个轻量物品，如棉花或宠物毛发，观察气流移动，即可检查鼻腔气流的通畅度。或者在未堵住的鼻孔前放一片冰凉的显微镜玻片，观察有无气体凝结。接着在另一侧鼻孔进行同样的操作。

4）触诊

脸部触诊有助于与犬建立不具威胁性的接触，再加上平静的对谈，对大多数犬而言都具有安抚的效果。触诊摸得到的咀嚼肌包括颊肌、咬肌与二腹肌；内外翼肌位置太深，触诊摸不到。评估咀嚼肌有无不对称、肿胀、萎缩或疼痛，应从下颌联合处往角突的方向触诊。同样地，从前往后触诊上颚（颜面骨、额骨弓以及眼眶骨缘）。评估骨性构造时，务必牢记，除了寻找骨性肿胀之外，检查有无骨性缺损也一样重要，例如侵入性肿瘤病灶造成的缺损。

5）张嘴与闭嘴的动态评估

检查者应评估患宠有无张嘴受限、阻力、疼痛、捻发音，或无法闭嘴的症状。张嘴时疼痛，有可能是骨骼骨折、颞颚关节异常、咀嚼肌发炎、耳病以及眼眶有病灶造成的。检查者还应区分患宠是无法张嘴或闭嘴还是不愿意。假如患宠无法闭嘴，应确立有无机械性障碍（像是张嘴下颚卡住），或是否稍微施加压力就能闭合下颚（如下颚双侧骨折或下颚机能性麻痹）。

### 3. 口内检查

#### 1）口内检查程序

每例患宠的口腔评估都应采取相同的步骤，发展出一套例行常规，才不会无意间忽略了重要的区域。下文中对口内检查的说明，都是假定患宠已接受了全身麻醉。对于清醒的犬，也能看到一定比例的构造，可将接下来的内容作为指南，提醒自己进行口腔检查时应留意哪些部位。不过详细检查只有在患宠麻醉后才有可能进行。所有的发现都应记录在牙科记录表上；如果合适的话也能画在病历上，并拍照作为附加的记录。口内检查很少能在没有更深入的诊断性影像检查，尤其是牙科放射线检查的情况下完成。

#### 2）咬合评估

对清醒的患宠进行口腔检查时，即可完成咬合评估。应闭合患宠的嘴巴，并掀起嘴唇，从两侧以及前方检视。镇静的患宠也能接受这项检查。但是受到化学保定的患宠的舌头往往会前伸至上下牙之间，更难评估咬合。麻醉的患宠，可能需暂时拔管，或分离与麻醉机相接的气管插管，将气囊浅气，然后把管路稍微往气管更下方推，直到嘴巴可完全闭合。采用此方法时，预先测量气管插管的总长度很重要，确保往后多推 2~3 cm 并不会撞击到支气管隆突。最后，调整气管插管的位置，使之从上颚犬齿正后方露出嘴巴，便足以闭合嘴巴。

犬的颚会有上下颚不等的情形，上颚齿弓通常比下颚齿弓还宽。

犬的正常咬合从侧面看，下颚犬齿应咬合于上颚犬齿与第三门齿之间的空隙。上下颚前臼齿会以近似锯齿形的方式接合，前臼齿不应与对咬齿交叠。上颚第四前臼齿咬合于下颚第一臼齿的颊侧，两者一起形成剪刀作用，可作为剪切齿。下颚第四前臼齿与第一臼齿之间，几乎都会有些交叠，至于对犬而言这算正常还是异常，专家的意见存在分歧。下颚门齿应稍微咬合于上颚门齿的颚侧，其切缘会靠在上颚对应部分的舌面隆凸。门齿应形成闭合又稍有曲线的弓形。从正面看，上颚与下颚的中线（上颚与下颚第一门齿之间）应对齐。下颚犬齿应只是快要碰到，但不会伸入上颚犬齿与第三门齿之间的牙龈。下颚犬齿与下颚臼齿之间的牙齿应排列得相当笔直。

咬合不正有可能是病理性的，也可能是公认的品种标准。应检查有无任何异于正常咬合之处，如单颗牙齿异常倾斜或旋转，或上下颚长度不一致。就完整的口腔检查而言，要特别注意可能会侵犯到软组织或在咬合时会摩擦其他牙齿的咬合不正齿，因为它们会分别造成口腔黏膜和皮肤创伤，或异常的牙齿磨耗。咬合不正的记录应包括牙科记录表上的注记以及拍摄的照片，有些情况下还会包括全口印记、咬合记录，以及制作的石模。

3）牙齿检查

牙齿检查需要的设备包括良好的光源、张口器、牙科探针、口镜和放射线检查设备。牙科探针可用来评估牙冠表面的形态，也能有效地检查出通常看不出临床症状的牙龈下牙齿异常。探针还可用来确认有没有牙体外露和病灶并在移除结石或补牙后，用来评估是否完成治疗。探针有一个弯曲的工作端，工作端会逐渐变细成非常锐利的尖点，工作端最末 2 mm 之处，称为针尖。针尖侧边刮过不光滑的牙面（如牙齿重吸收造成的结石沉积和缺损）时，会产生震动。以非常轻松的改良式握笔法拿握探针时，针尖只要碰到细微的缺损，产生的震动便会从针尖传到握柄，临床兽医师即会有所感觉。发展出这样的触感灵敏度相当重要。轻轻握着探针并在预探测的牙齿附近建立口内指靠后，探测时只要轻轻地垂直、斜向或水平移动针尖，并稍微交叠地施力。水平移动针尖时要小心，因为针点可能伤及交界处的上皮。

首先，必须计算牙齿数量，有任何缺齿都要在牙科记录表上标记。检查者务必注明有没有任何乳齿或赘生齿。其次，视诊每颗牙齿有无构造上的缺损、变色、大小或形状异常。只要是肉眼可见的病灶，都要用探针针尖进行探测。

然后检查每颗牙齿的牙冠有无结构缺损，常见的表现为失去牙冠大部分的冠状部，但是也可能表现为臼齿断裂。相较其他牙齿，上颌第四前臼齿出现臼齿断裂的频率较高。上颌第四前臼齿断裂可能会被忽略，因为相较邻近的第三前臼齿，第四前臼齿就算断裂依然较大。然而与另一侧相比较，就容易确定其是否失去了部分冠状构造。对于清醒的犬可能难以诊断下颌第一臼齿的臼齿断裂，因为断裂往往发生在舌侧，需要把犬的舌头推向一边才看得到。最近刚断裂的牙齿表面，会有明显的锯齿状的珐琅质边缘。断裂牙齿附近的牙龈、齿槽黏膜、唇与颊黏膜或舌头，可能会出现撕裂伤。断裂或磨损牙齿的牙髓外露，如果视诊时不明显，可通过探测进行确认。对于牙髓外露的断裂牙齿，探针针尖可进入牙冠牙体腔的开口，见图 6-10。不应在清醒的患宠上进行尝试，因为难以预测牙体腔内是否存在有活性的神经组织。相较之下，有三级牙本质的磨损的牙齿表面坚硬、密合又平坦；探针不会下陷或卡住。对于断裂时间较久的牙齿，像水泥一样致密的碎屑可能会嵌入开放的牙髓腔，形似封闭的表面，但这比较少见。

断齿一般位于臼齿的咬合表面，但是也可能出现在牙冠的平滑面。探针的针点会被受疾病影响而软化的珐琅质与牙本质黏住。此情形应与上颌第一臼齿咬合槽更为常见的食物染色区分开来。探针的针点在检查染色牙齿的表面时，不会被黏住。要小心，不可过于积极地探测三级牙本质的部位；让探针针尖侧面而非针

图 6-10　牙科探针探测断裂门齿

注：用 Orban 牙科探针探测进入断裂的左上颚第一门齿牙髓腔开口。右上颚第一门齿与左上颚第二门齿也有牙冠断裂。

尖本身，与表面接触，因为牙本质很软，如果强推针尖的话，表面便会受到一些搔刮。

齿吸收位于牙冠外部以及最靠冠部侧的牙根，通常可以用锐利的牙科探针触得。牙龈下探测是口腔检查很重要的一环，尤其对猫而言；不过探测时务必极度小心，因为牙龈下的软组织很容易受伤。齿吸收（特别是源自内部时）一定要经过放射线检查才能诊断。临床检出或确认齿吸收，靠的是探针针尖落入缺损处时的触感。病灶边缘（尤其是源自外部时）经常有珐琅质悬挂于上，其下方很容易就会钩到探针针尖。龈下牙结石的触感与早期齿吸收相仿；假如有疑虑，可在对可疑部位进行洗牙之后，再次探测。

# 犬牙周病诊疗

牙周病是指牙周组织的细菌性炎症，是犬猫最常见的口腔疾病。牙周组织是将牙齿固定在口腔中的结构，包括牙龈、牙周韧带和牙槽骨。

## 一、牙周病发病机制

### （一）获得性膜

口腔中的唾液糖蛋白与牙齿接触，可附着于牙釉质的表面，形成膜样物质，被称为获得性膜，其为口腔细菌初期粘附提供了基质，牙龈沟是最容易形成获得性膜的部位。

### （二）牙菌斑

获得性膜形成后，很快会有细菌（主要是链球菌）附着、生长、产酸进而形成糖蛋白沉积。细菌可合成葡聚糖，与沉积糖蛋白一起构成牙斑基质。

### （三）牙结石

犬猫口腔呈微碱性的，钙盐更容易沉积。唾液中含有碳酸钙盐和磷酸钙盐。这些钙产物在牙齿表面结晶，使牙菌斑矿化。牙结石的形成需要 2 ~ 3 天。牙结石表面的裂缝促进了厌氧菌的进一步生长，因为氧气很少甚至无法到达裂缝深处。牙结石只能通过机械去除，即洗牙或牙齿清洁。

### （四）牙龈炎

随着牙菌斑向龈下延伸，细菌和细胞的降解产物的混合物会破坏牙周软组织，导致牙龈炎。牙龈炎被认为是可逆的，这意味着一旦去除牙菌斑，炎症则消失，并非所有牙龈炎都会发展为牙周炎。

### （五）牙周炎

牙周炎会使保护牙齿的支撑结构的上皮屏障遭到破坏。牙齿的支撑结构包括牙龈、牙骨质、牙周韧带和牙槽骨。如果患宠无法发起有效的免疫反应，细菌可以突破上皮屏障。细菌深入牙周组织，会变得更具破坏性，导致牙龈收缩成与牙槽骨分离，进而导致牙龈退缩或牙周囊袋。随着细菌向根部移动，牙周韧带和牙槽骨会被破坏，越来越多的支撑结构受到影响，最终导致牙齿松动。

致病菌会激活免疫和非免疫反应。引起组织损伤的是宿主对斑块细菌的反应，而不是细菌的毒力。所以，所有的犬和猫都会出现牙菌斑，但并不是所有的牙菌斑都会发展成牙周炎。

## 二、牙周病临床症状

临床评估患宠的牙周病，一般会通过视诊、触诊进行初步判断并记录，再通过牙科 X 光、CT 进一步诊断。

1. 患宠口腔主观综合评价

在病理学检查中，兽医会对患宠整个口腔进行主观综合评价。表 6-2 列出了分期和相应的疗法。

表 6-2　患宠口腔主观综合评价表

| 序号 | 分类 | 阶段 | 缩写 | 牙龈症状 | 放射学变化 |
|---|---|---|---|---|---|
| 1 | 正常 | 阶段 0 | PD0 | 没有牙龈发炎 | 牙槽骨高度或结构没有变化 |
| 2 | 牙龈炎 | 阶段 I | PD1 | 牙龈轻度炎症 | 牙槽骨高度或结构没有变化 |
| 3 | 早期牙周炎 | 阶段 II | PD2 | 牙龈发炎和肿胀 | 失去 25% 的牙周附着 |
| 4 | 温和牙周炎 | 阶段 III | PD3 | 牙龈炎症和肿胀；探查时出血；牙龈退缩或增生；25%～50% 附着丧失；第 2 阶段分叉受累 | 失去 10%～30% 的骨支持 |
| 5 | 高阶牙周炎 | 阶段 IV | PD4 | 牙龈发炎肿胀，探诊出血，退缩或增生；附着丧失 50%；牙周袋袋深 >5 mm；第 3 阶段分叉暴露；M2-3 松动 | 失去超过 30% 的骨支持 |

牙周病的常见临床症状是牙龈炎症、牙龈退缩、牙周囊袋、牙根分叉和暴露、脓性分泌物、引流道和牙结石。当被触摸嘴部周围或咀嚼食物时，患宠可能会表现出不适。对于大多数患宠，如果及时进行检查和治疗，是可以预防牙周病的。牙周病的预防应从幼年犬猫第一次到宠物诊所就诊开始。口腔健康评估可以在检查的某些阶段进行。

2. 牙周病的影像学特征

牙槽骨高度变化：牙槽骨水平随着炎症向顶端移动和骨被吸收而降低。

骨质流失：骨质流失可以局限于某一特定区域，也可以是全身性的。牙科的骨质流失涉及的主要是牙槽嵴骨的部分。它可以是水平的，表现为牙槽骨减少，也可以是垂直的，表现为一个或所有牙根缺损。

牙根叉暴露：由于根内骨丢失，牙根叉在放射学上表现为透明区域。

牙槽骨开裂：牙槽骨开裂在 X 光片上表现为硬膜板的连续性中断，牙周间隙消失。牙槽骨开裂可从牙槽边缘向上扩展，累及整个牙根。

3. 牙周疾病分级

犬猫在 6 月龄后，不进行日常的口腔清洁，发生牙龈炎、牙周病的机率会随着时间推移慢慢升高。一般认为，牙菌斑的形成时间在 24 小时，形成机制和过程相对复杂，本节不做重点论述。牙结石的形成一般认为在 3 天，牙龈炎的形成一般在 2 个星期。

临床上通常将牙周病分成 4 级，每一级都会有相应的临床表现和影像特征。

1）0 级牙周病

这个阶段的特点是，未发现任何牙龈炎和牙周炎的证据，口腔黏膜颜色呈淡粉色，一些大的牙齿唇侧牙龈会表现出"牙龈点彩"的健康形态，如图 6-11、图 6-12 所示。与其相对应的牙科影像，如图 6-13、图 6-14 所示。

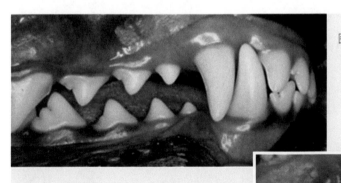

图 6-11　健康犬全口牙齿

图 6-12　健康犬下颌牙齿

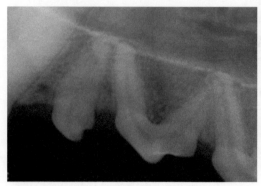

图 6-13　健康犬上颌牙齿影像

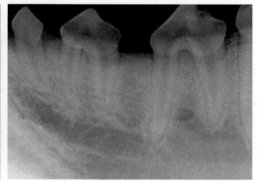

图 6-14　健康犬下颌牙齿影像

2）1 级牙周病

这个阶段的特点是，视诊时只有牙龈炎，影像学未见附着组织的丢失。齿槽边缘的结构和高度未见改变，如图 6-15、图 6-16 所示。1 级牙周病为早期的牙周炎。可见少于 25% 的附着组织丧失，或者多根牙齿最多有一级分叉。其有牙周炎的早期影像学特征。临床测量或放射学测定显示，牙周袋深度一般会有 1～2 mm 的增加，如图 6-17、图 6-18 所示。

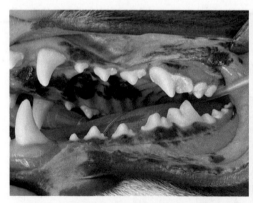

图 6-15　犬早期的牙周炎

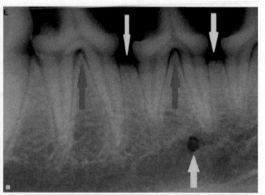

图 6-16　犬下颌牙周炎影像

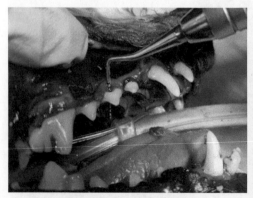

图 6-17　犬早期牙周炎

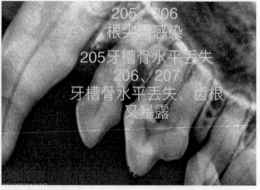

图 6-18　犬上颌牙周炎影像

3) 2 级牙周病

这个阶段的特点是中度牙周炎。可见近 25% ~ 50% 的组织附着丧失，或多根牙存在第 2 级的分叉情况。临床测量或放射学测定显示，牙周袋深度一般会有 2 ~ 4 mm 的增加，如图 6-19、图 6-20 所示。

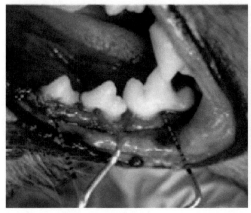 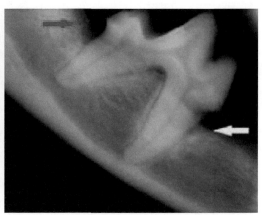

图 6-19　2 级牙周炎症状　　　　　　　　　　图 6-20　2 级牙周炎影像

4) 3 级牙周病

这个阶段的特点是重度的牙周炎。可见多根牙存在第 3 级的分叉，涉及超过 50% 的附着丧失。临床测量或放射学测定显示，牙周袋深度一般会有大于 5 mm 的增加。猫的正常牙周袋深度小于 0.5 mm，中大型犬的牙周袋深度小于 3 mm，小型犬小于 2 mm（见图 6-21、图 6-22）。

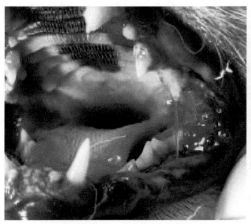 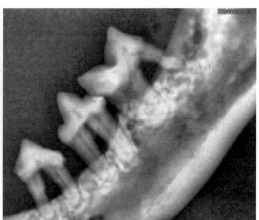

图 6-21　3 级牙周炎症状　　　　　　　　　　图 6-22　3 级牙周炎影像

5) 牙周病洁牙时间

经统计，猫 1 ~ 4 级牙周病的标准洁治时间分别是，1 级 30 min，2 级 30 ~ 60 min，

3 级 60～120 min，4 级 60～150 min。在犬上，每一级对应地大概多出来 30 min，如表 6-3 所示。

| 表 6-3　犬猫牙周病洁牙时间表 | |
| --- | --- |
| 猫 | |
| 相应分级 | 所需时间 |
| 1 级 | 30 min |
| 2 级 | 30～60 min |
| 3 级 | 60～120 min |
| 4 级 | 60～150 min |
| 犬 | |
| 相应分级 | 所需时间 |
| 1 级 | 60～75 min |
| 2 级 | 75～90 min |
| 3 级 | 90～120 min |
| 4 级 | 120～180 min |

### 4. 龋齿

龋齿是钙化的牙齿组织（牙釉质、牙本质和牙骨质）酸性降解的结果（见图 6-23）。影像学上表现为牙冠和／或牙根的区域性密度降低。牙齿中大约 30%～60% 的矿物质丢失才会表现出射线影像变化，临床 X 光影像会导致龋齿的严重程度被低估。因此通过牙科 X 光评估牙髓也是必要的，如果出现牙髓损伤，治疗方案也应调整（拔牙或根管治疗）。流行病学调查研究表明，龋齿在一家医院发现的概率为 5.3% 左右。

牙本质区域的矿物减少程度在影像上并不是都很明显，所以去除多少龋齿组织，应在手术过程中结合影像进行综合评估，选择相应的方案。

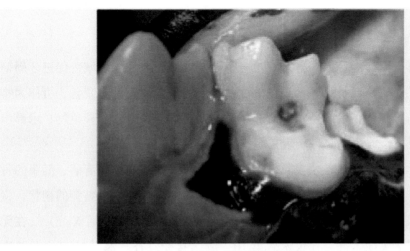

图 6-23　患龋齿症状

### 三、牙周病预防与治疗技术

在小动物牙科学中，预防与治疗是相当不同的两个概念，需要执业人员准确理解。以牙周病为例，其预防和治疗在过程描述、方案实施以及费用收取上都是泾渭分明的。牙周护理是一种预防性操作，适用于有牙菌斑和牙结石但没有牙龈炎的牙齿。反之，如果存在牙龈炎症、萎缩，牙周袋，牙根叉暴露或牙松动，则需要进行牙周治疗。

牙周治疗的目标：一是减少牙周囊袋或消除软组织或骨病变；二是减缓或阻止牙周病变的进程；三是通过专业清洁和居家护理去除所有牙龈沉积物，恢复口腔内的正常环境。牙龈与牙齿分离，将导致牙菌斑及相关的细菌堆积在牙周囊，其向下移动并在牙根处蓄积，将最终侵蚀牙周骨骼。超过 50% 的附着丧失预后较差。只有专业的治疗配合良好的居家护理才能取得理想疗效。

#### （一）皮瓣术

皮瓣术是指切割并抬起一部分皮肤粘膜组织，另一侧仍然附着于机体。皮瓣术对于治疗牙根暴露非常有用，其还可以起到牵拉收缩牙龈的作用。皮瓣组织还可以用于缝合牙龈，减少牙槽。

施用皮瓣术的目的是使病变区域有足够的通道和可见度。制作皮瓣时，基部应为冠状面的 1.5 倍，确保足够的供血。皮瓣需要缝合以防止移位、出血、血肿和感染。

常用的皮瓣有两种类型：全厚度和部分厚度。全厚度皮瓣可让骨骼区域可见，以执行根部平整和囊袋消除等操作。部分厚度皮瓣会留下一层骨膜。此程序用于有

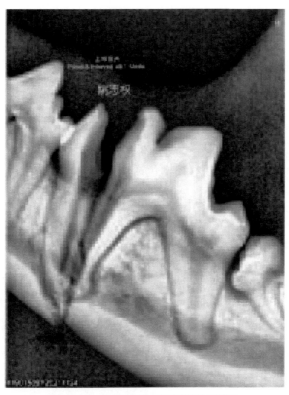

图 6-30　牙齿纵裂 + 下颌骨骨折影像

**（二）颌骨骨折管理**

在颌骨骨折修复之前，应移除骨折部位患病或受损的任何牙齿。如果涉及牙根，请考虑根管治疗以防止伤口难愈合。在稳定之前清除、灌洗和闭合骨折部位的软组织缺损。术后可能需要长期居家护理，例如饲喂管护理。

**（三）颌骨骨折固定方法**

常见的颌骨骨折固定方法包括胶带嘴套法、丙烯酸法、齿间布线法、环绕下颌结扎术等方法。

1. 胶带嘴套法

胶带嘴套可用于治疗年幼动物的轻微单侧下颌骨骨折。这种技术将有助于保持颌骨稳定并使牙齿处于正常咬合状态，或者用作临时支撑，直到可以进行手术修复。用白色胶带环绕套嘴，但留出 5 ~ 10 mm 的开合空间，连接脸的两侧并延伸到头部后面，也可以在双眼之间贴一条胶带。当然也可以使用普通的织物嘴套。嘴套可以与亚克力牙冠加长件联合使用，防止颌骨移位并使颌骨保持正确咬合。动物可以移动舌头，但不能张开下巴，不影响喝水和进流食。嘴套需要经常更换，因为胶带下的皮肤可能会出现湿性皮炎。

薄骨板的区域，必须保护骨骼的开裂区域或永久性骨质流失的区域。

### （二）再生疗法

宠物牙科再生治疗的目标是将人工材料植入牙周骨质损伤的区域，促进牙周韧带和骨骼的生长。所需耗材是一种无菌的生物合成材料，术中易于制备，可作为物理屏障并刺激新骨生长。手术所需麻醉时长更短；无需制备自体骨移植物；术部出血少，无排异反应，并可提高骨质生长率。

为了使再生治疗成功，必须去除所有碎屑和肉芽组织，制备出清洁、健康的骨骼或牙齿表面。使用前将耗材与患宠的血液和生理盐水混合，调成黏稠的糊状，将糊状物轻置于缺损部位，尽可能与活骨接触即可。应拍摄术前和术后 X 光片。在无任何张力的情况下关闭术部。建议术后第 10～14 天接受复查。术后 3～4 个月再次进行洁牙、口腔检查和 X 光片检查。

### （三）牙周夹板

如果计划尝试再生疗法，可通过牙周夹板增加稳定性。这种技术也适用于牙齿外伤性脱位或半脱位。先行清洁和抛光牙齿，去除所有碎屑或肉芽组织，在缺损处放置骨再生产品并缝合。在缺损牙齿的周围放置条状牙科树脂，将其固定在周边正常的牙齿上。必须每天使用冲洗液清洁夹板区域。必须在术后 3～4 个月复诊，进行全面的口腔检查和口腔 X 光片拍摄。

### （四）拔牙技术

拔牙的操作要基于解剖结果和病理状况，术前牙科 X 光片是必需的，此外还应拍摄术后 X 光片以评估拔牙情况。如果存在残余的牙根，必须将其拔除。有的牙齿有额外根，如果在术前没有进行 X 线检查，就有可能被忽略，而这可能导致牙根脓肿。在牙齿缺失的区域也应该进行 X 线检查，以排除残留根及未萌牙的情况存在。这对于第一前臼齿有缺失的拳狮犬而言尤为重要，因其牙齿通常伴有含牙囊肿，需要外科摘除和拔牙。

基本的拔牙技术有两种：

（1）封闭式或非手术式，即简单的脱位或抬高而无需去除牙槽骨；适用于单牙根牙，或者病变的多牙根牙。

（2）开放式或手术式，即抬高粘骨膜瓣以显露牙槽骨；适用于多牙根牙，或者牙根较大的单根牙。

器械要求如下：手术刀片及刀柄、骨膜剥离器、高速或低速机头和牙钻（用于切开牙齿和牙槽骨）、牙挺、拔牙钳、鼠齿钳、敷料和外科剪、持针器和单股的可吸收缝线。

用手术刀片分离牙龈附着组织，将刀片置于牙龈沟/袋，向下切割分离牙颈周围的牙槽骨与相应的牙龈附着组织；也可以用微创拔牙挺（直挺）分离上皮。

术者掌握牙挺，食指沿着器械的手柄持握，这样就不会因器械滑脱导致软组织和邻近重要器官（眼睛、神经血管束和脑）受损。一旦割断上皮附着，就将牙挺插入到龈沟，轻轻地将尖部伸入牙周韧带里。牙挺的尖头会割断牙周韧带并且将牙槽骨下压，以产生空间。从牙齿的舌侧面开始工作，然后向颊侧面推进。轻轻地转动手腕，牙挺的手柄将帮助破坏牙槽内的牙周韧带。一旦牙齿松动，牙周空间扩大，就能用牙挺进一步地松动牙齿，使之从牙槽中脱出。

牙挺绝不应作为杠杆使用，即绝不能用类似螺丝起子开启罐头的方法。应用于牙挺的所有的杠杆活动，是围绕器械轴的旋转动作。当牙齿已完全松动，既可以用牙挺使牙齿脱出，也可以用拔牙钳轻轻地提出牙齿。而不适当地使用拔牙钳，可能会使牙齿折断，使拔牙失败，也可能会导致牙根残留而延长操作时间。当用牙钳将牙齿从牙槽中提起时，要让钳子的喙离牙尖尽可能得远，以确保拔牙钳的喙完好地包围着牙颈或牙根。缝合有血凝块的牙龈，防止食物和其他碎屑嵌入。

外科拔牙技术用于拔除多根牙和特殊形状或者牙根非常大的单根牙。后者包括上颌侧切齿以及上下颌犬齿。

### 1. 单根牙的拔除

当单根牙折断，骨折线延伸到龈下时，外科方法将提供更好的可视性，且能加快拔除的速度。掀起一个骨膜翻瓣，可以便于拔除牙齿。如果翻瓣有张力（不够覆盖缺损），在翻瓣的最底部做减张口，扩大翻瓣。

### 2. 双根牙的拔除

拔除双根牙时通常要切断牙冠，使进入牙周韧带的通路变容易，也能避免在进入牙周韧带时，由于杠杆作用不慎将牙冠折断。此外，可以从牙冠切除一个楔形，从牙根分叉部开始，把牙冠切开为近中和远中侧，然后移除楔形的牙冠，这是为了防止高的牙冠在对抗杠杆作用时增加杠杆力，导致牙冠和/或牙根折断。拔除非常紧密的牙齿时，可以用高速钻去除牙齿的"凸出部"，以便产生空间，改善进入牙周韧带的通路。

掀起一个外科瓣暴露牙槽骨，用牙槽切开术暴露预拔除牙齿的牙根。可以利用一个或者两个减张口，掀起一个袋状瓣或者更大的瓣；或将骨膜剥离器伸入牙槽骨膜下，就可以很容易地提起翻瓣。一旦牙槽骨膜被剥开，就要沿着固有牙龈用骨膜剥离器小心插入分离。为使重要结构（神经、血管、唾液腺导管等）免受钻头的损伤，翻瓣要有一定的宽度，而且要无张力闭合翻瓣。翻瓣最好不要起始于牙齿分叉处或者牙间乳头上。最理想的情况是，起始在临近牙齿的线角（线角是牙齿的两个垂直面的交接界，即近中舌／腭面角，近中颊面角，远中颊面角和远中舌／腭面角，远中牙合面角，舌／腭牙合面角，近中牙合面角以及颊牙合面角），垂直于牙槽，与牙龈的切口形成一个弧形的交点。弧形"交点"有助于翻瓣的缝合，且能保持翻瓣边缘的血管供应。

像简单拔牙技术描述的那样，切断上皮附着，然后向两侧扩大切口，提供足够的空间暴露齿槽。垂直的减张口应该向粘膜延伸到适当的水平（通常为牙槽骨超过牙根的隆起，大约占隆起高度的四分之三）。之后要去除颊侧（如果需要的话还有舌／腭侧）的牙槽骨，去除的颊侧牙槽骨应约占每个牙根长度的四分之三左右，以暴露牙齿分叉处。去除分叉处的牙槽骨，以建立进入牙周韧带的通路。随后用微创牙挺分离韧带。如果牙齿不够松动，可以去除更多的颊侧牙槽骨，以方便进入牙根更深的地方，避免增加折断的风险。一个浅槽可以使牙钻进入牙颈部，产生一个突出的部分，作为杠杆的支点。一旦牙齿完全松动，就可以用牙挺挺出牙根或者轻轻地使用拔牙钳。

当所有的牙根都拔出时，就应该进行牙槽骨修整术，去除尖锐的牙槽骨边缘，用大的圆形钻打磨牙槽骨，无张力闭合翻瓣。如果由于某些原因，翻瓣紧张，应通过翻瓣底部的骨膜做减张口（牙槽顶部到牙龈交界处），这就能扩展翻瓣，达到无张力闭合。

### 3. 三根牙拔除

虽然犬的上颌臼齿通常有 3 个牙根，猫的上颌第三前臼齿有 3 个牙根，但是颊侧根通常是融合的。当用简单拔牙技术拔除这样的牙齿时，必须要仔细操作。

如上面双根牙的拔除部分所描述的，翻起一个外科瓣。在分割颊侧的冠／根之前，须从牙颈部分割腭侧的冠／根。这对于确保臼齿的腭侧尖不会无意中被切断，而导致牙根折断是非常重要的。之后分割颊侧的冠／根，接着去除分叉处的牙槽骨，以进入牙周韧带。一旦拔除了颊侧根，就要去除颊侧至腭侧根分叉处的牙槽骨，以便于进入牙根。注意要切割腭侧尖周围的上皮附着，因为这些上皮连接得特别紧密。通常需要在颊侧的骨膜做减张口，以能够闭合。

最好是用一个大的、圆形的钻头进行牙槽骨修整术，因为其不仅能有效磨光牙槽骨，而且很少会对软组织造成损伤。适当的冲洗也是必要的，以防止摩擦热使牙槽骨坏死。应该尽可能地维护牙槽骨，以防止颌骨，尤其是那些受到严重牙周病侵害的颌骨变得薄弱。

当拔除"重要"牙齿（犬齿和前臼齿）时，一定要评估剩余牙齿的咬合情况，以确保不会造成相应组织的损伤。在拔除上颌第四前臼齿和第一臼齿之后，下颌第一臼齿可能会咬合进入上腭。需要修整这样的牙齿，缩短牙冠，避免上腭损伤。

### 4. 拔除滞留乳齿

当乳齿与它们的替代齿共同存在于口腔时，就会被认为是滞留乳齿。换言之，如果两颗牙齿占据同一个位置，就需拔除乳齿。可能在老年动物的齿列中发现稳固滞留的乳齿与替代齿没有关联，对于这样的病例，滞留齿应保留在口腔中，拔除它将减少功能齿的数量。应对滞留的乳齿进行术前 X 线检查，因为有些牙齿可能已经发生了牙根的吸收，通过刀片或尖的微创牙挺简单地分割牙龈附着组织就可以拔除。当 X 线检查可见牙根时，就要用外科方式拔除了。

如上文描述的方式。做个外科瓣，但是必须要暴露所有乳牙牙根。20%～30%的乳犬齿是由牙冠组成的，剩余的 70%～75% 都是牙根。一旦提起翻瓣，暴露了牙槽隆凸，就要围绕整个牙根进行牙槽修整，从近中侧牙颈开始，到远中侧结束。去除足够的牙槽骨使牙周韧带暴露，然后用手术刀片切开牙周韧带。一旦切开了牙齿腭 / 舌侧的牙龈附着组织，用食指和拇指就能把牙龈提起。轻轻地磨光牙槽嵴，并无张力闭合翻瓣。

### 5. 拔牙并发症

拔牙手术的主要并发症是出血、牙体不完全拔除、牙根异位和其他医源性损伤。由于犬猫的牙槽周围分布有下颌动脉、眶下动脉、鄂动脉和颏动脉，一旦不慎损伤就会引起严重出血。牙根碎片残留在牙槽内，会形成瘘道，导致动物流鼻涕等。牙根在牙槽骨内的形态可能不规则，无法自行排出，必须人为清除干净。拔牙过程中高速手钻和牙挺的使用不当，会造成牙髓腔开孔、牙神经损伤、口鼻瘘；拔除下颌犬齿或者臼齿太用力甚至会造成颌骨骨折。

### （五）牙周病治疗中的抗生素使用

不推荐全身使用抗生素来预防牙周病，因为在健康的口腔中，抗生素的施用可能会减少有益微生物，引起口腔微生态紊乱。只建议在以下情况下考虑使用全身抗生素：牙齿周围的组织严重感染，需要进行牙周手术或拔牙；口腔手术后仍发展为骨髓炎；存在严重溃疡和黏膜完整性丧失；免疫抑制患宠；患宠进行了脾切除术；患宠有假肢装置；患宠有严重的全身性疾病；患宠在同一麻醉程序下进行了其他部位的无菌手术。

最常用的治疗小动物牙周病的全身抗生素是克林霉素、阿莫西林 / 克拉维酸和强力霉素。克林霉素和阿莫西林 / 克拉维酸对大部分口腔病原体最有效。多西环素或克林霉素产品，可以避免全身用抗生素，可生物降解剂型药物多能在牙周囊袋中停留，在数周内缓慢释放。

## 四、牙周病护理

应针对患宠撰写个性化的口头和书面居家护理说明。提醒宠主注意可能的药物副作用和手术并发症，例如出血、咳嗽、流鼻涕、神经系统症状、呕吐、腹泻、厌食或疼痛症状。口腔手术后应给予患宠软食（湿润后的干粮或罐头食品）喂养。在服用抗生素后安排复查预约。若术后办理出院，应于次日致电客户，询问患宠的病情、给药能力、患宠对药物的耐受性，并回答任何问题或回应任何疑虑。

在复查时，检查缝合区域是否有裂开或进一步感染的迹象。如果缝合部位看起来健康并且正在愈合，则恢复患宠的常规饮食；再次审查并在必要时修订居家护理说明。安排后续的复诊预约，直到疾病或伤口得到控制。由于犬猫牙周病是临床上最常见的口腔疾病，兽医助理必须熟悉有关发病机制、治疗方案和现行的居家护理方案以及后续定期更新的技术指南。

管理牙周病也需要同宠主构建良性互动，兽医团队应根据各关键节点，主动联系宠主询问患宠状况，客观评估居家护理水平和康复情况，珍惜宠主的每一次反馈甚至投诉，不断改进服务质量。以兽医科学为依据，以专业精神去争取宠主的信任，增进宠物福利。随着小动物牙科的建设和完善，兽医助理有更多机会获得专业知识和职业发展机会。

# 任务三　犬牙髓病诊疗

## 一、牙髓病学

牙髓组织主要包含神经、血管、淋巴和结缔组织，还有排列在牙髓外周的造牙本质细胞。牙髓病学的一般定义是牙髓的治疗。每颗牙齿的顶端都有一个开口，称为根尖分歧。当牙齿被感染或受到创伤时，分布在根尖的神经会让动物感到疼痛。感染也可以从牙齿内部和/或牙齿外部扩散到牙髓中。

创伤引起的牙髓治疗指征包括：变色的牙齿（表明牙髓可能坏死）；带有暴露的活髓的断裂牙齿。这些指征提示要在短时间内进行治疗以避免牙髓坏死和/或牙髓继续暴露导致进一步感染和骨折的机会增加。

预防性牙髓病学适用于犬齿损伤风险较高的犬：异嗜癖犬；军（警）犬等工作犬；进行敏捷或飞球比赛的、经常咬衔玩具的参赛犬。

## 二、牙髓病的临床症状

牙髓疾病往往伴有疼痛。牙死亡和牙髓濒死会引起感染，进而刺激疼痛感受神经，导致口腔敏感和严重不适。然而，犬猫的本能是隐藏自身的疼痛，直到状况恶化、无力掩饰后才会明显表现出来，所以许多宠主无法及时意识到宠物的痛苦。

已知犬猫口腔疼痛的症状包括：流涎、食欲不振、昏睡、无法正常进食或饮水、异味、肿胀/发红、牙龈排脓、不愿咀嚼、无法闭嘴、不愿玩耍、社交行为异常、进食时掉落食物、发声异常、耳朵和眼疼痛、眼部有分泌物。

需要查看完整的病史，重点确认牙体发生伤害或发现异常的时间。治疗前需要进行全面彻底的病理学检查、口腔检查以及术前血检。

全身麻醉后，对每颗牙齿进行成像并评估X光影像结果，判断患牙的健康情况和稳定性。随着牙齿的成熟，牙髓腔自然变窄。可通过测量牙髓腔来监控和判断牙齿是否因感染或损坏而中断或停止发育。X光片还能提示牙根尖周是否溶解、牙周韧带是否退化以及周围骨结构是否完整。所有这些因素都将有助于确定牙髓疾病的严重程度以及牙髓治疗的可能性。

### 三、牙髓治疗技术

牙髓治疗的优点包括：比拔牙侵入性小；恢复时间更快；牙齿就位后下颌的完整性更强；技术上成熟；费用上合理。牙髓治疗的类型包括活髓治疗、标准根管治疗、根管外科治疗。上述类型的治疗均需要进行局部/区域神经阻滞，神经阻滞操作所需麻醉量较少，并有助于控制术后疼痛。

#### （一）牙髓治疗的患宠和治疗考虑

如果患宠是需要用到牙齿的工作犬，术后频繁用牙将导致患牙进一步损伤。在这种情况下，可能需要截断部分牙冠以使其脱离咬合，或放置金属牙冠。

是否对牙齿断裂的宠物进行牙冠治疗，要考虑成本、放置牙冠的麻醉风险，以及术后是否影响宠物口腔正常活动等因素。宠物在无人监督的情况下进行用牙活动，可能会丢失牙冠，或者其不当的用牙活动会对牙冠施力，导致牙齿进一步断裂。在活髓治疗中必须考虑局部微生态环境，如果已知宠物患有严重的牙周病，或者口腔内外部环境不理想时，应建议宠主选择标准的根管治疗，活髓操作在有菌环境中不适用。

在确定所有这些因素后，兽医可以向客户提出建议，以便确定最佳治疗方案。

#### （二）活髓治疗

活髓治疗是牙齿刚断裂并且牙髓仍然有活力时使用的简短操作规程。犬齿折的症状及活髓治疗后的情况如图 6-24、图 6-25 所示。

进行活髓治疗时需要考虑许多因素，具体包括：动物的年龄、牙齿折断的时间、发生折断的牙齿。

由于正常恒齿的牙髓腔根尖发育一般于 2 岁龄完成，如果动物断牙时小于 2 岁龄，其牙髓管仍然很宽，根尖可能还没有闭合。牙齿断裂的时间也很重要。如果断牙牙髓暴露超过 48 小时，则不应进行活髓治疗。折断牙齿的类型决定了操作的难易程度。

必须告知宠主，活髓治疗可能会失败，并且可能将来必须进行标准甚至外科根管治疗翻修。宠物余生均需监测患牙状况。

活髓治疗比标准根管治疗更快，因为牙髓大部分保持完整。无菌操作非常重要，虽然口腔中不可能无菌，只能避免进一步的微生物污染。

首先进行牙科 X 光摄片以确定患牙的损坏程度。如果牙冠断裂而牙根完好无损，这颗牙齿就是活髓治疗的理想对象。还应检查牙齿周围骨骼的完整性以及是否存在任何根尖病变。如果牙齿有垂直裂纹或断裂，可能需要进一步治疗，包括标准的根管治疗和放置牙冠。

活髓治疗的步骤：

（1）常规麻醉动物，拍摄口腔 X 光片，排除牙根尖病变，然后彻底冲洗动物口腔，并应将患牙用口腔消毒溶液浸泡约 5 分钟以减少局部细菌数量；

（2）用手持球钻和无菌钻针，去除病变的牙髓顶，制备窝洞后，切除暴露的牙髓的前 5 mm；本步操作会使牙髓大量流血，可用冷却的无菌盐水轻轻冲洗该区域以帮助止血；

（3）在制备的牙体窝洞中放置一层薄薄的衬里，例如矿物三氧化物凝聚体（MTA）以及氢氧化钙糊剂，用以覆盖暴露的牙髓；

（4）取用牙科填充物（例如玻璃离聚物）覆盖在上述骨水泥衬里上，用于填充窝洞和粘附粉垫；

（5）将最终填充层粘附在上述固化的充填层上，待成形和平整固化后，对最终修复体进行 X 光造影，确认各层充填物无气泡。

患牙需在术后 6 个月后进行 X 光检查，以检查牙髓是否进一步成熟以及是否有根尖周疾病的迹象。之后应在每次洗牙时监测患宠是否有持续感染或牙髓死亡的迹象。

患宠的居家护理应包括数日疗程的非甾体类抗炎药（NSAIDs）以消炎和镇痛。宠主还应每周监测患牙是否有变色迹象、是否进一步损坏、上方牙龈上是否形成瘘管以及是否有疼痛迹象。如果出现这些迹象中的任何一种，则应对患宠进行麻醉并进行 X 光检查，以查看活髓治疗是否失败。

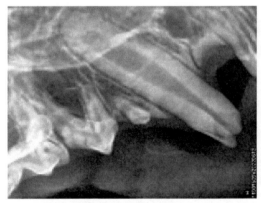

图 6-24　犬齿折症状

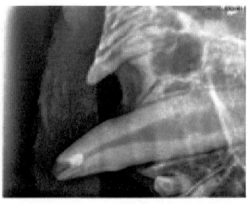

图 6-25　犬齿折活髓治疗后图片

### （三）标准根管治疗

标准的根管治疗包括去除所有的牙髓和神经，对根管进行消毒，然后填充根管并封盖。本疗法会使牙齿失去原有主要功能，但同时也会消除疼痛并允许动物保留牙齿，保持正常的牙齿咬合。根管治疗的影像如图 6-26 所示。

如果牙齿已经折断超过 48 小时，或者如果确定牙髓可能已经被污染并且已无生命力，则应进行标准根管治疗。

标准根管治疗的注意事项如下：

（1）麻醉患宠并拍摄 X 光片以确定损伤程度，并评估根尖周病和 / 或牙根折断等病变的程度；

（2）如果 X 光片显示该动物适用标准根管治疗，且宠主同意，则应对患牙进行消毒并保持无菌状态；

（3）建立从牙表面直接进入牙髓的通路；注意牙髓腔的自然曲线，以及所有进入牙髓腔操作的器械的外型和走向，避免根管锉等器械在牙髓腔内由于用力不当而分离、损坏或断裂；

（4）市售多种的根管锉和拔髓针可用于去除牙神经和牙髓；每个锉都有不同的功能和规格，适用于不同的牙髓腔；H 锉一般适用于推 / 拉即纵向垂直工作；K 锉适用于扭转即水平方向工作；拔髓针有倾斜、带倒刺的设计，可用于勾取牙髓；

（5）乙二胺四乙酸（EDTA）是一种根管螯合溶液，其可用于润滑锉具和软化牙本质；

（6）应拍摄 X 光片，以确保根管锉并没有越过牙齿的根尖；

（7）应将根管消毒液注入根管内并静置约 5 分钟，确保消毒液已注入所有侧管结构；

（8）用无菌盐水冲洗消毒液，并用吸潮纸尖擦干清创的根管；纸尖是圆锥形的卷纸，适合牙髓腔大小；根管应彻底干燥，不应有残留的血液或牙髓；若仍见碎屑，则应继续锉削，直到彻底清洁；

（9）将密封剂材料放入清洁的牙髓腔中；目前使用较多的树脂类封闭剂，具有良好的牙本质粘接能力、稳定的理化性和较好的生物相容性等优点，但其有聚合收缩、吸水降解的缺点，故前述干燥环节很重要；

（10）插入最大的根管锉，通过 X 光片确认该锉到达牙根管顶部；移出锉具并在根管腔周壁填充糊剂；为填实牙髓腔，于最大的牙胶尖附近安装辅助牙胶尖；

（11）拍摄患牙 X 光片以确认牙根尖被完全充填密封，未留有空隙或气泡。

患宠的术后护理可能包括数天的非甾体抗炎药，以缓解炎症以及炎症可能引起的颞下颌关节疼痛。除非有治疗根尖脓肿的指征，否则不需要抗生素。一个月后应检查最终填充物，并应指示宠主监测患牙上方的牙龈是否疼痛、肿胀或形成任何瘘管。应在术后 6 个月后拍摄 X 光片以检查根尖。之后每年拍摄一次 X 光片，终身监测患牙。

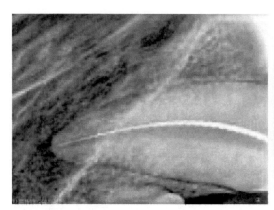
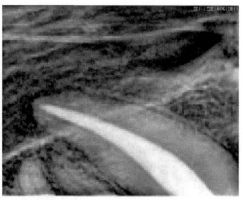

图 6-26　根管治疗后影像图片

### （四）根管外科治疗

如果 X 光摄片发现患牙的根尖未封闭，存在根尖疾病或者根尖被破坏，则可以考虑将标准根管治疗和根管外科治疗相结合。本操作旨在去除根尖周围的炎症组织，然后进行根尖切除和根管的回填。具体手术步骤涉及皮瓣设计制备以及穿骨，属于比较复杂且不常见的口腔手术，这里只介绍术后护理要点。术后需要密切监测动物是否有手术失败的迹象，即患牙牙根尖部出现疼痛、肿胀和瘘管。如果发生这种情况，可能需要拔牙。根管外科治疗的失败率略高于标准根管治疗。由于根尖存在感染，无法判断在手术过程中是否已消除所有感染，术后护理给药除了镇痛药，还应包括适当的抗生素。术后 6 个月应再次摄片观察，后续每年拍摄一次，以监测牙齿的稳定性。

综上所述，兽医团队检查动物患牙后，应制定诊疗方案，以便宠主抉择。在推荐牙髓治疗方案时，重要的是要让宠主了解所有可选的方案，原则是尽可能保留原牙，拔牙应该是最后的选择。

## 任务四　犬咬合不全诊疗

### 一、咬合不全临床症状

"理想"或正常的咬合可描述为当动物嘴巴闭合时上下侧牙齿之间的完美对齐或交错。由于犬的上颌骨比下颌骨更长更宽，上颌切齿将位于下颌切齿的唇侧位置，下颌切齿的齿表微触前者的齿背。下颌犬齿位于上颌第三切齿和上颌犬齿之间，称为"牙齿互锁"。前臼齿以特定模式咬合，不重叠而相互交叉，这种效应被称为"锯齿剪切效应"。上颌第四前臼齿和下颌第一臼齿的发育槽也会非常紧密地对齐。

在评估某些品种的犬和猫头部的大小和形状时，应考虑遗传因素。短头品种（例如斗牛犬、拳师犬、哈巴犬以及缅甸猫和波斯猫）上颌骨缩短，牙齿拥挤且旋转，是由颅骨的软骨营养不良而不是下颌骨过度生长引起的。中头品种，如德国牧羊犬和拉布拉多猎犬，头部比例匀称，上颌骨比下颌骨更长更宽。长吻品种，如灰犬和喜乐蒂牧羊犬，有一个细长的口吻，增加了齿间空间或前臼齿之间的间隙。

咬合不全可能是由于先天或遗传因素导致颌骨不规则或牙齿在异常位置萌出。这些异常通常会在乳牙萌出后出现，并可能在恒牙萌出期间被注意到。如果不采取措施，乳牙的咬合不全可能会导致永久性咬合不全。兽医助理应该熟悉牙齿的萌出时间和空间排列，以发现可能的咬合不全，并提请兽医的注意。咬合不全还可能会延迟或阻碍乳牙和/或恒牙萌出，使萌出过程受影响。由于牙齿拥挤或错位会导致牙菌斑和食物碎屑堆积，咬合不全的动物易患牙周病。此外，错位的牙齿还可能会导致上颚、口腔底部的软组织缺陷，以及口鼻瘘的形成或牙龈外伤。牙齿接触不当，也可能导致牙折或牙体过度磨损。

## 二、咬合不全的类型

咬合不全一般分为三个类型（见图6-27至图6-29），具体解剖特征见表6-4。I型为牙列异常，其他型均为骨骼异常的咬合不全。临床常见于小型犬猫、纯种犬猫、短头犬猫。

图 6-27　I型咬合不全

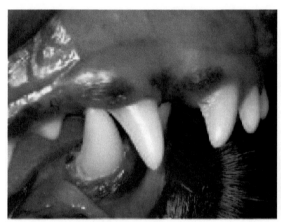

图 6-28　Ⅱ型咬合不全

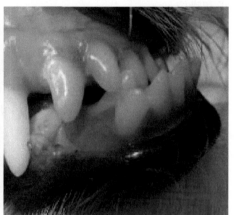

图 6-29　Ⅲ型咬合不全

表 6-4　咬合不全的类型

| 类型 | 说明 | 上下颚对称 | 易继发 | 备注 |
|---|---|---|---|---|
| I型 | 牙列畸形；一个或多个牙齿不在应有的排列位置 | 正常 | 严重腭裂伤 | |
| Ⅱ型 | 咬合时上下切齿无法接触；口腔闭合时上切齿露出 | 下颚比上颚短 | | |
| Ⅲ型 | 口腔闭合时下切齿露出；两侧下颚的长度有差异，一边的下颚比另外一边短，下颚的中线偏移 | 下颚比上颚长；骨骼不对称 | 腭或牙龈损伤 | 在短头犬种中视为正常 |

目前国际兽医团体普遍拒绝非医疗需求或因美容需求而进行的宠物牙科治疗。进行人为正畸的目的只有预防咬合不全继发的牙周病、牙龈炎以及其他牙科损伤。

## 三、咬合不全治疗技术

小动物牙齿矫正或正畸，是指通过技术手段，修整牙齿排列不齐、牙齿形态异常的治疗过程。具体来说其通过佩戴矫正器的方式对牙齿进行外部加力，让不整齐的牙齿按照治疗计划，安全而缓慢地移动，直至排列整齐，目的是恢复小动物的功能性咬合。柔和而持续地施力能更快速地移动牙齿并减少患宠的不适感，而施力过重会导致牙齿和牙周组织的病理性损伤。

通过彻底的口腔检查和口内 X 光片，尽早确诊咬合不全，以便尽早人为干预。动物咬合异常若被认为是功能性的和非创伤性的，则可能不需要治疗。正畸治疗一般需要几个月的时间，但可以避免活髓治疗、牙冠切除、标准根管治疗甚至拔牙。

并发症可能包括永久牙芽受损、牙根吸收、牙根强直以及受影响牙齿的过度矫正和错位。

### （一）治疗技术

#### 1. 正畸治疗

正畸中常用的设备包括弓丝、托槽、舌侧扣、结扎圈、橡皮链、绕线器等。正畸治疗主要有两种类型——截留和矫正。

##### 1）截留正畸

截留正畸是指去除排列不正确的乳牙，以防止随着患宠年龄的增长和颌骨的不断生长而进一步出现问题。如果动物的乳牙咬合不全，则应在恒牙预期萌出前4至6周拔除受影响的牙齿。

##### 2）矫正正畸

纯种宠物的牙科正畸，伦理学上存在必要性的考量。在咬合不正、上颌略短的情况下，可在恒牙上进行牙成形术以减轻拥挤或使用上颌唇弓，还可以使用舌侧扣、托槽和橡皮链向前移动上颌切齿。还可以使用带有弹簧的上颌舌弓、下颌和上颌斜面导板、上颌膨胀螺钉装置或下颌托槽和橡皮链。拔牙也是一种选择。

如果存在轻度的尾侧反咬合，在牙间隙施行牙龈成形术或部分牙龈切除术可以防止接触不当造成的创伤、疼痛、不适以及口鼻瘘。若错合严重，可借助正畸器具，例如使用弹簧和膨胀螺钉，牵引纠正更严重的偏差，使牙齿"倾斜"到可实现功能的位置或建立正常咬合。

#### 2. 犬齿基部过宽

可能不需要任何干预。如果需要治疗，建议使用有弹性的舌侧扣或托槽将牙拉到更靠舌的位置。

#### 3. 矛齿

上侧未对齐且发育不良的犬齿叫矛齿，可以通过拔牙或正畸来治疗。正畸过程中先对牙齿进行清洁和抛光，然后将牙面吹干并用酸蚀刻。接下来，将侧扣／支架用骨水泥涂抹在需要移动的齿尖，目标牙和锚定牙通常是上颌前臼齿和臼齿。将橡皮链或结扎圈放置在目标牙和锚定牙之间。术后必须仔细监测口内，通常每周检查一次，直到目标牙完成位移。这个过程可能需要几个月的时间，1岁龄以上的成年犬猫耗时更久。

4. 犬齿基部狭窄

犬齿基部狭窄或下颌犬齿舌侧移位可通过拔牙、活髓楔状切除术或正畸治疗（如应用咬合板或定制器械）进行矫正。被动咬球疗法是让犬齿基部狭窄的幼犬每天咀嚼一个大小合适的橡胶球几个小时，适用于轻中度病例，但疗效各异。

（二）矫治器的类型

小动物适用的正畸矫治器也存在不同的版本：口内矫治器、直接粘接矫治器和固定矫治器，如丙烯酸夹板、扩张夹板和带、钩或按钮。

丙烯酸粘结剂可直接应用于口腔。这类材质可能会刺激软组织。先清洁牙冠并标记刻度，再用非氟化剂抛光，用酸蚀刻锚定牙。将丙烯酸涂在牙的两侧，使其能够在间隙中流动。丙烯酸材料虽然柔软，但仍需相应地对其进行塑形，以正确对齐。硬化后，应对复合材料进行修整，使其边缘平滑。也可以通过在牙齿周围缠绕一根八字形钢丝，然后用丙烯酸和/或复合材料覆盖钢丝来制作斜面。此过程将使犬猫牙齿移动到更正常的位置。斜面在原位可保留几个月，需要宠主跟进高频次的居家护理。

（三）牙科印模

有时正畸器具需要由实验室个性化定制。这就需要先进行牙科印模，可使用内衬藻酸盐印模材料的塑料或金属印模托盘。将托盘压在牙弓上，在适当的位置保持5 min，取出，冲洗并使其硬化。印模成型后，将牙科石材倒入印模中并使其硬化。至少45 min后，将牙模从模具中取出。然后还需要用一块软化的蜡咬块，压在上颌和下颌牙齿之间，记录咬合情况来说明上颌骨和下颌骨的关系。这应该在插管前或拔管后进行，以免插管影响制模。

小动物牙科正畸过程漫长，且无法确保疗效，需要告知宠主，后续可能需要频繁复检，有时还需要进行密集的居家护理，例如每天清洁、定期调整或更换牙套。牙套有时还可能损伤正常牙齿。宠主需要了解哪些牙齿会受到正畸的影响、预期疗效以及如何保养牙套。

# 任务五 犬下颌骨骨折诊疗

颌骨骨折即颌骨结构的断裂或分裂。闭合性骨折是骨头断裂但软组织完好无损的骨折。粉碎性骨折会有多块断骨。复杂的骨折是指对器官、血管或神经造成严重损伤的骨折。一块骨头的两个碎片卡在一起，即为嵌合骨折。开放性骨折指有一块或多块骨头穿过皮肤。

## 一、犬下颌骨骨折骨裂类型

下颌骨骨折常发生在下颌骨联合处、升支部和体部相交的冠突或髁突，以及下颌骨的其他主干部位。下颌骨联合在下颌肌肉的作用下会受到相反的力，这使得下颌骨成为下颌骨骨折最常见的部位。有外伤史的猫通常会出现联合分离。这不是真正的骨折，而是一种关节不稳定。大多数猫的下颌联合是一个软骨关节，因此可以手动操作。下颌骨骨折可根据是否涉及牙齿进行进一步分类，如是否包括牙根、牙尖，或牙根暴露的骨骼。

下颌骨骨折可能是外伤性的或病理性的，最常见的原因是外伤。病理性颌骨骨折指严重牙周病或恶性口腔肿瘤导致颌骨强度下降而引发的颌骨骨折。导致下颌骨变弱的其他原因包括代谢紊乱，如肾脏继发性甲状旁腺功能亢进症、营养性或继发性甲状旁腺功能亢进症、真菌感染和成骨不全。

## 二、下颌骨骨折诊疗

### （一）颌骨骨折的诊断

颌骨骨折的诊断是通过仔细的口腔检查和病史检查进行的。常见症状有疼痛、肿胀、瘀伤、鼻衄、血性唾液、无法进食或饮水、头部倾斜、嘴巴张开或姿势异常。

口内 X 光片比头部 X 光片更可靠。如果怀疑多处骨折，建议进行 CT 平扫以诊断硬组织和软组织损伤（见图 6-30）。

## 2. 丙烯酸法

可以通过丙烯酸夹板，来进行固定。当犬齿结合在一起时，应该有足够的空间，但下颚不能张开。犬上下颌切齿之间的距离应在 1.0 ~ 2.0 cm，猫的距离在 0.5 ~ 1.0 cm。在动物术后进食饮水不便，通常需要放置饲喂管。

## 3. 齿间布线法

仅当牙根不会因放置导线而受到损害时，才进行齿间布线。齿间布线是在一个象限内稳定相邻牙齿的技术。基本技术包括在牙齿周围环绕钢丝，并且扩展到一个象限中的所有牙齿以提高稳定性。由于上颌骨薄且靠近鼻腔，对于某些骨折，可能需要使用金属丝和丙烯酸夹板来稳定上颌骨和 / 或上颚的区域。

## 4. 环绕下颌结扎术

环绕下颌结扎术通常用于修复猫的下颌骨联合分离和位于下颌骨联合附近的骨折。该技术是指在下颌骨两侧放置金属丝，并在下巴下方将其收紧。线圈术后最多保留 4 周，然后移除。如果下巴仍然不稳定，还可考虑做一个数字"8"型缠绕。可以将丙烯酸夹板放在金属丝上以确保稳定并覆盖金属丝的尖端。夹板通常会留在原位长达 8 周。

丙烯酸材料应用于上颌骨的颊面，可以稳定上颚并防止夹板材料对上颚的创伤以及实现正常的咬合。如果骨折位于下颌骨上，则应将丙烯酸树脂涂在下颌牙齿的舌侧。在放置亚克力材料之前对牙齿进行清洁和抛光。接下来，对牙冠进行酸性蚀刻然后吹干，再将丙烯酸树脂分层或"点焊"应用，提高亚克力材料的附着力。应该经常检查咬合情况。

考虑到下颌牙根的位置，骨板、螺钉和髓间钉不常用。这些类型的固定装置很传统，但在这个位置应用不当可能会导致下牙槽血管、神经和牙齿活性的损伤。如果认为需要骨板，建议使用颌面微型板，使用 1.5 mm 或 2.0 mm 直径的螺钉。术后通常建议使用胶带缠口数周。

## 5. 其他治疗技术

因牙周严重外伤、感染、坏死而导致的骨折或病理性骨折可能需要手术切除，例如部分下颌骨切除术或上颌骨切除术。如果切除骨质过多，则需要植入骨移植物。

在粉碎性骨折或有大骨缺损的情况下，可以使用外固定术。外固定术可以通过使用克氏针、小斯坦曼针和 / 或丙烯酸夹板来完成。在这些情况下，髓间钉应放置在牙齿和 / 或牙根之间，以避免将来有问题。

面部大面积外伤的患宠应检查颞下颌关节区域是否有骨折，最好进行 CT 扫描。髁突或冠状突骨折可以保守治疗，但有发展为关节强直的可能性，可能需要后续手术纠正。

**（四）居家护理**

居家护理说明在颌骨骨折管理中至关重要。首先是镇痛。猫可用非甾体抗炎药、加巴喷丁、曲马多注射剂、口服丁丙诺啡和芬太尼贴剂。如果可以通过简单的口腔操作（例如通过饲喂管）给予抗生素，则通常会给予抗生素。口腔需要每天用抗菌溶液冲洗，以防止牙龈炎或口腔溃疡。需要提供罐头食品或软化干粮；勿给予宠物玩具或硬质零食。

通常最初每周进行一次复查，然后每两周进行一次，然后每四到八周再次进行，需要麻醉并拍摄 X 光片，并移除夹板。可能的并发症包括颌骨异常位置愈合导致的咬合不正、骨髓炎、牙齿损伤、来自上下颌长时间固定的颞下颌关节强直，以及饲喂管相关并发症，例如感染或饲管脱落。

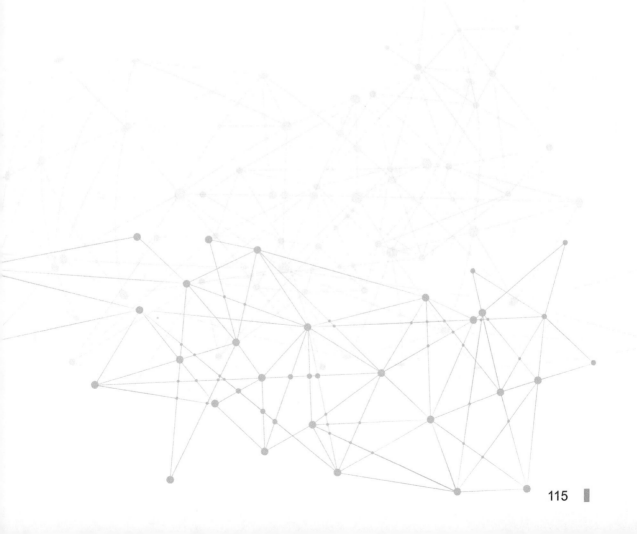

## 任务六 犬口腔肿瘤诊疗

肿瘤被定义为非炎症性的异常组织块，由自身组织细胞产生，且不具有生理功能。口腔是小动物排名第 4 的肿瘤常见发病部位。口腔肿瘤可以起源于口腔内的许多部位，例如黏膜、舌头、牙周膜、上颌骨、下颌骨。口腔肿瘤通常通过直接延伸或侵入邻近的骨骼和软骨组织而扩散，转移通常发生在区域淋巴结和肺内。

口腔肿瘤可见肿胀、口腔出血、叫声异常、口臭、体重减轻、唾液分泌过多、流鼻涕和区域淋巴结肿大。检查时，可以看到口腔肿块、牙齿松动甚至面部畸形。在尝试识别口腔肿块时，可比对正常的解剖结构，比如，猫的舌腺位于第一下颌白齿的内侧；硬腭中线上具有切齿乳头以及舌乳头突起，都是正常的。

### 一、良性口腔肿瘤诊疗

诊断应从全面的体格检查和清醒状态下的口内检查开始，还应包括血常规（CBC）、血生化、胸片、心电图 / 超声和淋巴结抽吸物分析、咽后淋巴结引导抽吸、CT 或 MRI、组织活检和口内 X 光片。良性口腔肿瘤不太可能发生转移，而且局部侵袭性往往较低。常见小动物口腔良性肿瘤有：外周型牙源性纤维瘤、牙瘤、牙龈增生和乳头状瘤。偶见良性口腔肿瘤对幼犬有一些局部侵袭性，例如釉细胞瘤和乳头状鳞状细胞癌。

#### （一）外周型牙源性纤维瘤

外周型牙源性纤维瘤，以前称为牙源性纤维瘤，其外观可能是光滑的或有蒂的，通常起源于牙龈组织，生长缓慢，见于中老年犬。骨化型将有类骨质基质（见图 6-31）。为确保牙齿和周围骨骼的健康有必要拍摄口内 X 光片。治疗方法通常是外科切除，但复发率高。

#### （二）釉细胞瘤

釉细胞瘤是起源于牙源性组织的肿瘤，虽然不转移，但具有局部侵袭性，偶见于上颌骨，常见于中老年犬。口腔 X 光片呈现一个射线可透区域，提示骨溶解。恶性形式较罕见，但其症状与良性形式相似。组织病理学确诊是进行治疗所必需的。

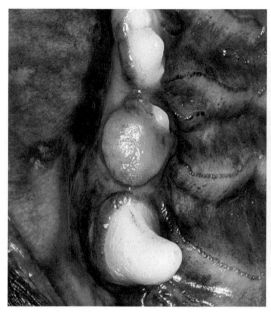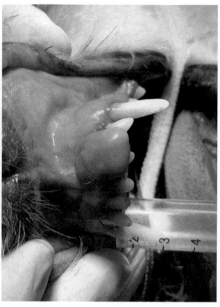

图 6-31　犬外周型牙源性纤维瘤

推荐的治疗方法是大范围切除（切缘为 1~2 cm），并去除与肿瘤直接接触的牙齿。放疗可能也是一种选择，但可能导致恶性病程发展。

### （三）牙瘤

当牙周袋深度为 5~6 mm 以内时，应首先对所有牙周袋进行射线照相，以确保牙齿没有任何会改变治疗方案或妨碍治疗的病变（见图 6-32）。洁牙器用于牙龈线上，其锋利的尖端和三角形横截面可用来识别牙瘤。刮匙是专在牙龈线下使用的工具。刮匙有一个钝的"脚趾"和一个弯曲的背部，这使得它们造成的伤害较小。刮匙应变换方向，以确保表面光滑。注意冲洗牙周袋，以去除所有松散的碎屑。可以轻轻地将空气和/或水流吹入袋中，以观察牙根表面并确认是否进行了充分清洁。

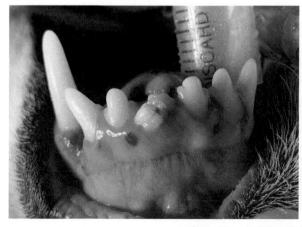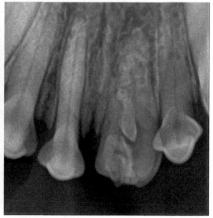

图 6-32　犬牙瘤和影像图片

应去除所有牙菌斑、牙结石，直至牙根部表面目测洁净，方可放置抗生素凝胶。

### （四）牙龈增生

牙龈增生是一种组织学诊断，可以更恰当地定义为牙龈过度生长或肿大（见图 6-33）。这种类型的口腔肿瘤在任何年龄的犬中都有不同程度的表现，但更常见于拳师犬和斗牛犬。这些肿块可能酷似肿瘤，应进行活检。用牙周袋标记镊标记袋底，以 2 mm 的增量进行校准，再于牙周袋底部的牙龈上标记外部穿刺操作位点，指示切口的初始线。

牙龈增生常见于长期服用环孢素、苯巴比妥或钙通道阻滞剂（如氨氯地平）的患犬。牙龈增生在猫中并不常见，但见于缅因猫、英国短毛猫，以及长期服用环孢素的肾脏受体患猫。治疗方法通常是用手术刀片切除。需要通过纱布指压或止血药棉按压来控制出血。大量异常牙龈组织适用电凝刀、放射外科、电外科、金刚石车针或激光外科切除。牙龈轮廓用预备车针或 12 凹槽车针来勾勒。最后，涂抹牙龈敷料（复方安息香酊剂）于术部。术后牙龈外形应接近生理外形。

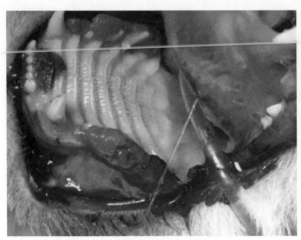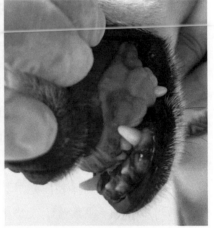

图 6-33　犬牙龈增生

### （五）乳头状瘤

乳头状瘤是良性口腔肿瘤，可能起源于病毒，通常位于牙龈、嘴唇、舌头和／或上颚，常见于年轻犬（见图 6-34）。它们的大小不一，可能是单一的或成簇的，颜色为粉红色或白色，并且位于牙际连接蒂上。大多数乳头状瘤会在几周内消退，除非导致出血或进食困难，通常无须切除。如果乳头状瘤被切除，则应进行组织活检。这些肿瘤复发是很常见的。

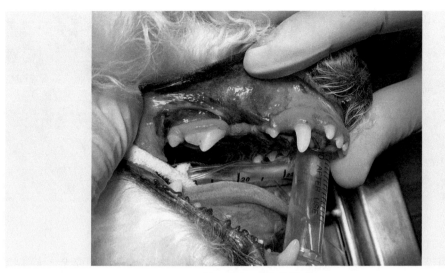

图 6-34　犬乳头状瘤

### （六）嗜酸性肉芽肿

嗜酸性肉芽肿在猫中更常见。然而，在骑士查理王猎犬中也有报道。表现为上唇区域、舌头、上颚和舌腭弓部位呈现严重的溃疡或斑块，可能会导致厌食和体重减轻。需通过组织活检确诊，单纯依靠细胞学涂片，检查特征性嗜酸性粒细胞增多会造成漏诊。治疗方法包括通过高剂量皮质类固醇来控制病变。其他疗法包括体外驱虫和更换低过敏性饮食。

## 二、恶性口腔肿瘤诊疗

### （一）恶性口腔肿瘤类型

恶性口腔肿瘤可能具有局部侵袭性和转移性。良性或恶性肿瘤的诊断步骤通常是相同的。在犬中常见的恶性口腔肿瘤有恶性黑色素瘤、鳞状细胞癌和纤维肉瘤。猫常见的恶性肿瘤包括鳞状细胞癌和纤维肉瘤。

#### 1. 恶性黑色素瘤

恶性黑色素瘤常见于可卡犬、小型贵宾犬和松狮犬，通常影响年长的雄性犬。这些快速生长的离散肿块可能被视为位于牙龈或颊黏膜上的凸起、溃疡、色素沉着肿块。它们可能是无色素的，具有坏死的表面（见图 6-35），偶尔位于腭组织上。恶性黑色素瘤对颌骨具有高度侵袭性。转移很常见，涉及区域淋巴结和肺。

#### 2. 鳞状细胞癌

鳞状细胞癌通常位于上颚、下颌骨、舌下黏膜和上颌尾部，有红色的花椰菜样病变，这是一种渐进性、快速生长的肿瘤，对局部，尤其是颌骨具有侵袭性（见图

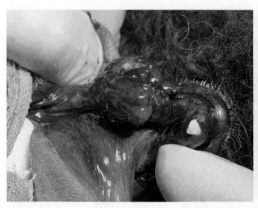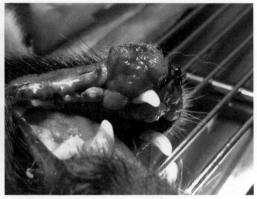

图 6-35　犬恶性黑色素瘤

6-36）。老年犬常见舌部鳞状细胞癌，尤其是贵宾犬、拉布拉多犬和萨摩耶犬。犬鳞状细胞癌常见扩散到区域淋巴结，然后是肺部；在口腔深部发现的肿瘤比位于其他地方的肿瘤更容易转移。在幼犬中，经常看到乳头状鳞状细胞癌，侵袭性较弱，但仍需要手术干预。鳞状细胞癌是猫最常见的口腔恶性肿瘤，转移很罕见。患有猫白血病病毒（FeLV）、猫免疫缺陷病毒（FIV）和戴跳蚤项圈的猫可能容易发生鳞状细胞癌。猫鳞状细胞癌的预后很差，因为它是局部侵袭性的，通常确诊时已经扩散。

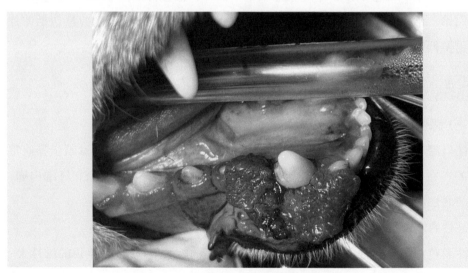

图 6-36　犬鳞状细胞癌

### 3. 纤维肉瘤

纤维肉瘤是在上颌骨和/或上颚骨上经常发现的肿瘤，其进展缓慢，表现为坚硬、扁平、弥漫性肿块（见图 6-37）。纤维肉瘤在大体型犬（比如金毛猎犬），特别是老年雄性犬中更为常见。它们可能不太常出现在下颌骨上，但已被报道可深入渗透到相邻的软组织和骨骼中，转移不常见。存在组织学上良性但具有生物学侵袭性的纤维肉瘤，其可能被误诊为纤维瘤或其他良性口腔肿块。

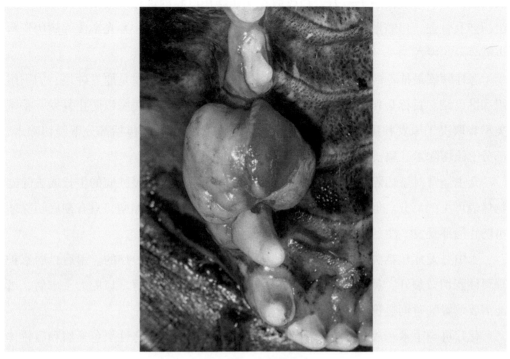

图 6-37 犬纤维肉瘤

### 4. 骨肉瘤

骨肉瘤可能累及上颌骨或下颌骨（见图 6-38），但原发肿瘤可能难以定位。如果没有口内 X 光片，可能漏诊。

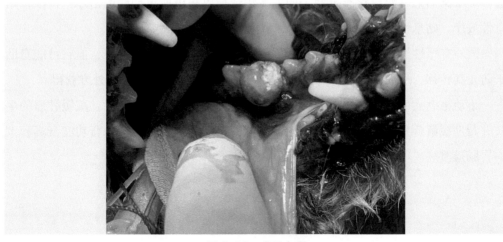

图 6-38 犬骨肉瘤

### （二）恶性肿瘤诊疗

组织活检是确诊口腔肿瘤的唯一方法。肿瘤的分类（分型）有助于后续治疗以及判断预后。一般使用手术刀刀片或活检穿孔器在口腔内进行活检采样。如果病变组织涉及骨骼，口腔取样时也应包括骨组织。如有按压涂片、X光影像等病历资料也需要一起发送。

恶性肿瘤最推荐的治疗方法是外科切除，手术切除的对象是原发肿块、周围组织和淋巴结。目标是切除原发肿瘤，保留未受影响的组织的边缘以防止复发。手术类型将取决于原发肿瘤的类型和位置。传统的口腔手术可能包括部分下颌切除术、部分上颌切除术、扁桃体切除术和部分舌切除术。

宠主经常对于切除肿瘤的体量有顾虑，可能只是希望延缓肿瘤的生长或去除宠物体表可见的部分。但宠物口腔肿瘤往往会迅速复发，甚至加剧，只有彻底切除才可防止局部复发。注意，任何外科手术都无法避免并发症。

术中并发症包括失血和低血压，但都是可以预防和/或治疗的。术后，居家护理要注意切口裂开、鼻衄、肿胀和自残自伤。特别是对猫而言，口腔大手术后，可能需要放置临时饲喂管。

化疗可与手术和放疗联合使用，治疗高度转移肿瘤，如恶性黑色素瘤和扁桃体鳞状细胞癌。

如果预期原发肿瘤对辐射敏感，放疗和手术相结合可以控制这类恶性肿瘤，同时保持组织良好的功能和外观。放疗可缓解疼痛和出血等临床症状，副作用则包括炎症、脱发、厌食和疤痕形成。大剂量放疗已被证明可以用于恶性黑色素瘤患犬的治疗，也作为不可外科切除的扁桃体鳞状细胞癌和棘皮瘤性成釉细胞瘤的替代疗法。纤维肉瘤通常对放疗有抗性。如果无法选择更积极或更彻底的治疗，则推荐姑息性放疗。姑息性放疗是指较低剂量的放射，每周一次，持续四周。

国外有恶性黑色素瘤疫苗。虽然疫苗不会阻止原发肿瘤的生长，但它可能有助于防止其转移，从而延长生存时间。该疫苗只能通过肿瘤专科兽医处方获得。

小动物癌症的姑息疗法指，给予一些抑制肿瘤细胞增殖的药物，减缓肿瘤的生长并帮助缓解疼痛。宠物犬对药物的反应好于猫。副作用包括猫的肾功能衰竭和犬的胃肠道溃疡。

# 封闭式牙周治疗实践

## 一、实操目的

适用于牙结石和牙菌斑积聚、患有轻度至中度牙周疾病的牙齿，牙周囊袋深度不超过 4~5 mm（犬）/1~2 mm（猫）。

## 二、材料与设备

稀释的氯己定溶液、牙结石移除钳（或拔牙钳）、牙科口镜、动力洗牙机（超音波或音波）、手持式结石刮、手持式刮匙、装有直角机头和抛光杯的低速手机、抛光膏、气水喷头、牙周探针、牙科探针。

## 三、操作步骤

封闭式牙周治疗的主要操作步骤如下：

（1）进行牙周检查以及拍摄临床影像和放射线影像来评估病况；

（2）使用稀释的氯己定溶液冲洗口腔；

（3）使用牙结石移除钳移除大块的牙结石沉积物，或者经适当练习，可以使用拔牙钳完成；

（4）使用牙科口镜将唇部和颊侧向外侧牵引，并将舌头向内侧牵引；

（5）使用动力洗牙机移除牙龈上和牙龈下的牙菌斑及牙结石：

①将结石刮尖端朝向根尖（并非牙冠）以避免温度高的器械部分接触到软组织，并将结石刮尖端 2~3 mm 与牙接触，且与牙齿表面的夹角不超过 15 度；

②确保大量的水流，让结石刮尖端在牙齿表面保持持续移动，但是每颗牙齿的清洁时间不要超过 15 s；

（6）使用手持式结石刮移除残留在牙龈上的牙菌斑和牙结石：

①将刀锋抵在牙齿上，刀锋面与牙齿表面呈 60~80 度的夹角；

②将切削刃引导至牙结石的边缘，并对牙齿施加侧向压力；

③沿牙龈边缘移除牙龈上的牙菌斑和牙结石；

④使用器械锋利的尖端来刮除牙冠上细薄的发育沟；

（7）使用手持式刮匙移除残留在牙龈下的牙菌斑和牙结石，整平牙根表面并刮除牙龈囊袋：

①将刀锋抵在牙齿上，刀锋面与牙齿表面呈 60 ~ 80 度的夹角：

②小心地将器械插入牙龈沟或牙周囊袋内，并将刀背朝向牙龈内面，将刀锋面朝向牙齿表面；

③轻轻地将器械向根尖推进直至感觉到阻力（即到达牙龈沟或囊袋的底部）；

④通过拉动动作将切削刃贴合牙齿表面以移除牙龈下的牙菌斑和牙结石；

探测撞击：感觉细微的不规则性以初步评估牙齿表面的形貌；

工作撞击：对牙齿施加压力，并短距离垂直、水平或斜向拉动刀锋；

牙根整平撞击：拉长距离并减少压力以避免移除过多的牙骨质；

⑤将刮匙的尖端插入牙周囊袋内，将刀锋面直接朝向囊袋壁，并使用尖锐的刀移除发炎的肉芽组织；

（8）抛光所有的牙齿表面：

①将一个直角机头和抛光杯连接固定在低速手机引擎上；

②涂抹抛光膏；

③按照低速和低接触时间的原则略施压力，将抛光杯应用于牙齿表面上；

④小心地使抛光杯的边缘进入牙龈缘下方，以抛光牙冠和暴露出的牙根表面；

（9）使用喷头冲洗出牙龈沟或牙周囊袋内的碎屑和残留的抛光膏；

（10）使用喷头吹干牙齿表面，并用牙周探针评估牙根表面，用牙科探针评估牙冠表面，确认平整性以及是否完全移除牙齿沉积物；

（11）将低剂量的多西环素凝胶涂抹于深度超过 4 ~ 5 mm 的清洁牙周囊袋内；

（12）使用稀释的氯己定溶液冲洗口腔；

（13）拍摄照片以记录洗牙的操作；

（14）提供居家口腔保健的相关建议。

### 四、临床操作技巧及注意事项

封闭式牙周治疗的临床操作技巧及注意事项如下：

（1）让动力洗牙机保持持续移动、轻微施加压力并使用大量水冷却结石刮尖端是很重要的；

（2）手持式结石刮和手持式刮匙的刀锋必须保持锋利才能有效发挥作用；

（3）应避免以下事项：

①动力洗牙机的尖端垂直于牙齿表面；

②将动力洗牙机的尖端直接朝向牙冠；

③结石刮未经冷却的部分无意接触到口腔黏膜；

④让动力洗牙机在牙齿上停留超过 15 s；

⑤在存有牙冠假体和修复体的区域使用动力洗牙机（应改使用手持式器械）；

⑥进行龈下操作时伤害到牙龈；

⑦让旋转抛光杯在牙齿上停留 3 s 以上。

### 五、实操练习

学生分组，按操作步骤练习。

## 任务八 开放式牙周治疗实践

### 一、实操目的

适用于牙结石和牙菌斑积聚、患有中度至重度牙周疾病的牙齿，牙周囊袋深度超过 5~6 mm（犬）/2~3 mm（猫）。

### 二、材料与设备

除了任务七中的器械外，还需要：手术刀柄和刀片、纱布块、骨膜剥离器、牙钳、组织剪、各种类型的车针、棉棒、用于牙根表面的药剂、骨替代物、屏障膜、持针器、缝合材料、缝线剪刀。

### 三、操作步骤

开放式牙周治疗的操作步骤如下：

（1）进行牙周检查并拍摄临床影像和放射线影像来评估病况；

（2）在牙龈内面创建一个斜切口，略为朝向根尖处并深至槽骨；

（3）改良 Widman 翻瓣术：采用内斜切口能彻底切除袋内壁上皮及炎症组织。翻瓣仅达牙槽骨顶端处，不做骨修整，龈瓣复位时将邻面牙槽骨覆盖，不暴露骨质。手术结束时，健康的牙龈结缔组织能与牙面紧密贴合，有利于愈合。适用于中等或重度牙周袋，不需做骨成形的患宠病例。

牙周改良 Widman 翻瓣术的切口需要根据手术目的、需要暴露牙面及骨面的程度、瓣复位的水平等因素来设计，还要考虑到保证瓣的良好血液供应。包括水平切口、垂直切口及保留龈乳头切口。

（4）使用动力洗牙机来刮除暴露的牙齿表面，使用手持式刮匙移除发炎的软组织以及残存的牙菌斑和牙结石，然后再整平牙根；

（5）使用橄榄球形车针和手持式刮匙进行槽整形术；避免减少槽骨的高度；

（6）使用细颗粒的浮石抛光暴露的牙齿表面，并用乳酸林格氏液冲洗伤口，然后持续从皮瓣的内侧（结缔组织侧）移除发炎的软组织；

（7）再次冲洗组织；

（8）以下步骤可以选择不做：

①使用牙根表面处理剂（例如柠檬酸、乙二胺四乙酸、氟化物）；

②将骨替代物放置于骨缺损处，并额外放置屏障膜；

（9）将皮瓣缝合到其原始位置或略微偏向根尖，并拍摄临床影像和放射线影像记录这次的操作。

## 四、临床操作技巧及注意事项

开放式牙周治疗的临床操作技巧及注意事项如下：

（1）进行牙周手术时都应使用新的手术刀片；

（2）操作或牵引皮瓣时，请在皮瓣内侧（结缔组织侧）放置固定缝；

（3）在治疗后约3个月再次麻醉动物，以进行牙周和放射线检查；

（4）应避免以下事项：

①手持式刮匙从牙根表面移除过多的牙骨质，因为这会暴露出敏感的牙本质，并可能不利于软组织再附着；

②在齿槽整形术过程中移除健康的牙骨组织；

③让皮瓣内侧（结缔组织侧）发炎的肉芽组织与暴露的牙本质表面接触，因为这可能导致牙根吸收。

## 五、实操练习

学生分组，按操作过步骤练习。

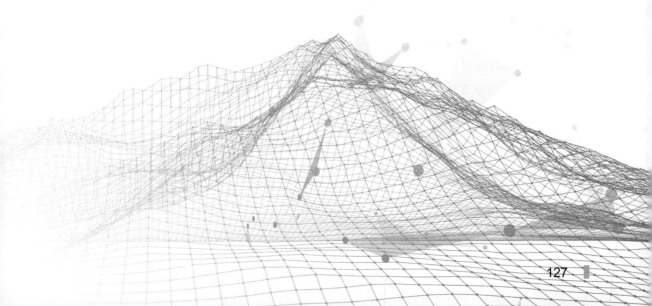

# 任务九 牙龈切除术和牙龈整形术实践

## 一、实操目的

适用于良性牙龈肿大。

## 二、材料与设备

除了任务七中列出的器械外，还需要：囊袋深度标记钳、手术刀柄和刀片、排龈刀、子弹形12凹槽车针、电刀、全皮整流线圈、纱布、棉棒、氯化铅、安息香的酊剂。

## 三、操作步骤

牙龈切除术和牙龈整形术的主要操作步骤如下：

（1）在牙龈外表面创建不同的出血点以标记伪囊袋的基部：

①将囊袋标记钳的钝头插入囊袋内并闭合上下颚，器械的直角尖端会形成出血点；

②也可将牙周探针向下深入囊袋底部并测量其深度；测量后移出牙周探针，并固定于龈上位置以便判断距离，然后将探针垂直刺入牙龈造成出血点；

（2）在出血点略偏根尖处（1~2 mm）外侧面做一个斜切口，并将刀柄斜45度角，以移除多余的牙龈带，并移除囊袋，建立自然的牙龈轮廓；也可以使用全波整流（切割和凝血）的线圈、橄榄球形车针，或使用搭配子弹形12凹槽车针以及水冷却系统的高速手机，以刮除多余的游离牙龈，同时塑形剩余的牙龈；

（3）清洁新暴露的牙齿表面并抛光；

（4）用手按压纱布来控制出血，或使用棉棒涂抹局部止血剂（氯化铅）；

（5）使用棉棒将组织保护剂（安息香的酊剂）涂抹于被切割的牙龈表面；

### 四、临床操作技巧及注意事项

牙龈切除术和牙龈整形术的临床操作技巧及注意事项如下：

（1）使用手术刀片移除大部份增生的牙龈（牙龈切除术），然后用 12 凹槽车针或电刀重塑牙龈（牙龈整形术）；

（2）确保在手术完成后至少保留 2 mm 的附著牙龈；

（3）应避免以下事项：

① 12 凹槽车针接触牙冠，因为这将造成牙釉质损伤；

②电极与牙冠、牙根或齿槽骨接触，因为这可能导致组织热损伤和伤口难以愈合。

### 五、实操练习

学生分组，按操作步骤练习。

## 项目七

# 猫常见牙科疾病诊疗

**·学习目标·**

❶ 掌握猫牙龈口炎的体征和症状。

❷ 了解猫牙龈口炎的病因、诊断方法和常用药物。

❸ 掌握猫牙吸收的发病机制。

❹ 掌握猫牙吸收的临床症状。

❺ 了解猫牙吸收的放射影像学特征。

❻ 掌握猫牙吸收的诊断方法和治疗方案。

❼ 掌握猫牙吸收的牙科图表填写方法。

❽ 了解嗜酸性肉芽肿的三种主要形式。

❾ 了解猫嗜酸性肉芽肿的病因、患病率和症状。

❿ 了解嗜酸性肉芽肿诊疗方法。

有些口腔疾病，在宠物犬猫中，是相似的，这里不再赘述，请参见其他章节。本章旨在介绍宠物猫常见的特征性牙科疾病。

首先在口腔解剖学上，猫科动物和犬科动物的牙齿数量存在差异。猫科动物缺少上颌第一前臼齿和下颌第一和第二前臼齿。其次犬的正常牙沟深度为 1～3 mm，而猫的正常牙沟深度为 0.5～1 mm。因此对于常见于犬猫的牙周病，猫的口腔中一旦少量牙周组织出现病变，就可更明显观察到早期阶段的牙周病变。此外，犬猫口腔肿瘤病例中，猫罹患鳞状细胞癌的比例更高。

本项目将讨论宠物猫最常见的三种口腔疾病：牙龈口炎、牙吸收以及嗜酸性肉芽肿。识别这些口腔疾病，向宠主介绍相关病因、诊疗方法，并掌握相关牙科图表的填写以及解读方法，是牙科助理需要掌握的。

# 口腔解剖与检查

猫口腔较窄，上唇中央有一条深沟直至鼻中隔，沟内有一系带连着上颌。下唇中央也有一系带连着下颌。上唇两侧有长的触毛，是猫特殊的感觉器官，其长度与身体的宽度一致。颊部薄，颊前庭较小，表面有一些皱褶，有腮腺、臼齿腺和眶下腺导管的开口。舌薄而灵活，中间有一条纵向浅沟，表面有许多粗糙的乳头，尖端向后，主要分布在舌中部。乳头非常坚固，似锉刀样，可舔食附着在骨上的肌肉。

切齿较小，两侧切齿较中央的切齿稍大，下切齿比上切齿大。犬齿较长，强大而尖锐，齿冠很尖锐，特别是前白齿，其齿磨面上有4个齿尖，有撕裂食物的作用。猫的牙齿没有磨碎功能，只能将食物切割成小碎块，因此对付骨类食物较困难。唾液腺特别发达，有腮腺、颌下腺、舌下腺、臼齿腺和眶下腺。

## 一、猫的口腔解剖和牙列

### 1. 乳牙齿列

猫的乳牙包括每个上颚象限涵盖的 7 颗牙齿，以及每个下颚象限涵盖的 6 颗牙齿，见图 7-1（a）、（c）：

$$2 \times \{ I\frac{3}{3} \, C\frac{1}{1} \, PM\frac{3}{2} \} = 26$$

（I = 门齿，C = 犬齿，PM = 前白齿。）

猫的乳牙萌发始于出生后 11 ~ 15 天，并且在 1 至 2 个月龄之间完全萌发。

### 2. 恒牙齿列

猫的恒牙包含每个上颚象限涵盖的 8 颗牙齿，以及每个下颚象限涵盖的 7 颗牙齿，见图 7-1（b）、（d）：

$$2 \times \{ I\frac{3}{3} \, C\frac{1}{1} \, PM\frac{3}{2} \, M\frac{1}{1} \} = 30$$

（I = 门齿，C = 犬齿，PM = 前白齿，M = 臼齿。）

前端乳牙和恒牙的萌发模式相似，但门齿会在犬齿之前萌发。臼齿恒牙通常会比前臼齿早一点萌牙。上颚牙齿可能会比下颚牙齿相对早一点萌发。恒牙大约在6～7个月龄时完全萌发。下颚第一臼齿、上颚犬齿和下颚前臼齿根尖的闭合时间分别在大约7、8和10个月龄，并可能存在个体差异。

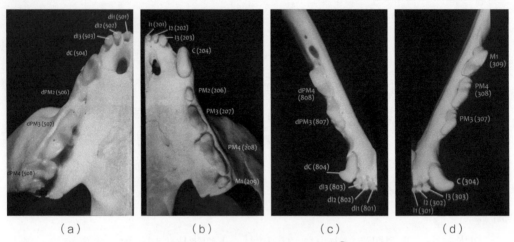

图 7-1　猫乳牙和恒牙齿列咬合面[①]

（a）右上颚乳牙；（b）左上颚恒牙；（c）右下颚乳牙；（d）左下颚恒牙

## 二、猫的口腔检查

参照犬口腔检查。

①　REITER A，GRACIS M.犬猫牙科与口腔外科手册［M］．田昕旻，罗亿祯，译．台湾：狗脚印，2020.

# 任务二 猫牙龈口炎诊疗

## 一、牙龈口炎临床症状

### 1. 牙龈口炎定义

牙龈口炎是牙龈和口腔黏膜的炎症，患牙龈口炎的猫通常临床表现痛苦且体况虚弱。暂时还没有明确病因，临床上会有不同的推测以及对应的疗法。根据细胞学特征，还有诸多与本病相关的术语，如淋巴浆细胞性口炎（LPS）、淋巴细胞性浆细胞性牙龈炎口炎（LPGS）、浆细胞性口炎（PS）、浆细胞性牙龈炎口炎、慢性溃疡性牙周炎（CUPS）、坏死性口炎、慢性牙龈炎/口炎咽炎。

最被普遍接受的致病机理是：牙龈口炎是猫机体自身对积聚在其口腔中的牙菌斑和细菌的免疫反应或超敏反应。猫免疫系统可能被许多不同的因素削弱或抑制，包括病毒和细菌，或者特发性病因。常见抑制猫免疫系统的病毒性病原体包括猫白血病病毒，猫免疫缺陷病毒（FIV）以及杯状病毒，细菌性病原，如巴尔通体。

### 2. 牙龈口炎的症状

牙龈口炎可见于任何猫科动物，无论性别和年龄。普遍认为某些品种的猫患病风险更大，例如波斯猫、阿比西尼亚猫、暹罗猫、喜马拉雅猫和缅甸猫。最近的研究表明，猫的品种与牙龈口炎的发生发展相关性不显著。

牙龈口炎的临床症状很多。正常健康猫的附着牙龈通常为粉红色，边缘呈刀状。在牙龈口炎的早期阶段，边缘似乎有更深的粉红色出现，并有轻微的肿胀。口炎早期的表现通常与牙龈炎相似，这使得后续治疗对患者至关重要。口臭症状常见于口腔炎的各个病程阶段，病程恶化会加剧异味。口臭主要由牙和牙龈边缘积聚的细菌引起，通常是猫主人最先注意到的口腔异常。随着口炎的进展，牙龈区域病变会更加明显。牙龈会呈鲜红色，并出现溃疡或肿胀。与近嘴侧的牙齿（犬齿和切齿）相比，尾侧牙（白齿）的牙龈通常多见肿胀、发炎的外观（见图7-2）。流涎（流口水）是猫主人可以观察到的另一个常见症状，在牙龈口炎任何阶段均可

图 7-2　猫尾口炎症状

见。厌食症见于牙龈口炎的晚期阶段，常见猫有饮欲食欲但炎性疼痛阻碍其正常进食吞咽甚至饮水。当猫的舌腭皱襞（以前称为水龙头），即咽部和口腔之间的区域受到影响时，无法吞咽属于严重的临床症状。患有牙龈口炎的猫可能有上述任何一种症状或多种症状。

### 3. 牙龈口炎的诊断

本病的主要诊断思路是进行实验室诊断以排除导致牙龈口炎的全身性病因。应该进行全面的理学检查、血生化和血象检查（通常血生化结果可见总蛋白和球蛋白读数升高）。还应进行实验室诊断来排除猫白血病和猫免疫缺陷。其他可选的病原体测试包括猫杯状病毒和巴尔通体。上述数种病原体感染，均可能与猫牙龈口炎的发生发展有关。

## 二、牙龈口炎诊断

需在麻醉的状态下，对患有牙龈口炎的猫进行全面的口腔评估，并对牙菌斑、牙结石和牙龈指数进行评分。需对口腔的每个区域进行分级，因为每个区域可能表现出不同的病程阶段。另外，请注意观察腭舌皱襞区域是否有病变。应拍摄并保留照片以对比治疗前和治疗后的情况；建议向猫主人说明病情和相关诊疗处理时，尽可能直观展示高清图片。随着病程发展，牙龈口炎不仅会影响牙龈组织，还会影响牙龈、牙周韧带和牙槽骨等牙齿支撑结构。因此，在评估患有口腔炎的猫时为了观察牙根和骨骼结构，需要拍摄口腔内 X 光片（见图 7-3 至图 7-6）。上述口腔检查以及拍摄的口片，除了用于检查牙龈口炎，还可以用于猫牙吸收的检查。

评估牙齿和牙周组织的健康状况以确定哪种治疗方案最适合患猫是必要的，是采用药物治疗、手术疗法还是两者结合，均应由实际情况来决定。评估被疾病破坏的支撑结构的数量将有助于兽医了解疾病的进展程度，并决定哪种治疗最适合患宠。若怀疑口腔肿瘤，建议进行组织活检。许多猫易患的癌症，尤其是鳞状细胞癌，在早期就可能有临床（外观）表现，但确诊需依赖细胞学检查。

图 7-3 猫口膜炎上颌 X 光片

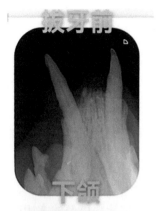

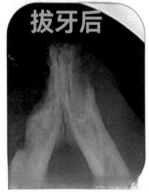

图 7-4 猫口膜炎下颌 X 光片

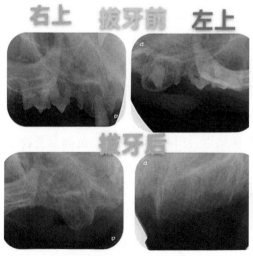

图 7-5 猫口膜炎右下、左下 X 光片

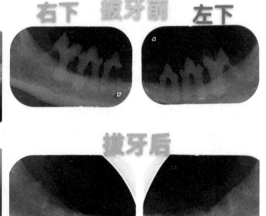

图 7-6 猫口膜炎右上、左上 X 光片

### 三、牙龈口炎治疗技术

罹患牙龈口炎的动物，通常给予内外科综合治疗，为的是消除动物口腔不适。在首次给药或手术处理之前，需进行一次全面的洗牙，包括龈上龈下清洁和抛光。药物治疗通常只是缓解临床症状。在临床实践中，常使用一种或者多种药物的组合处方，包括镇痛药、抗菌药、抗炎药、抗病毒药、免疫抑制剂和类固醇类药物的组合。

1. 药物治疗

用于治疗猫牙龈口炎的常用药物、常用剂量以及给药途径如表 7-1 所示。

表 7-1　猫牙龈口炎药物治疗情况表

| 药物 | 常用剂量 | 给药途径 |
| --- | --- | --- |
| 丁丙诺啡 | 0.01~0.03 mg/kg，每 6~8 小时一次 | 口腔黏膜吸收 |
| 美洛昔康 | 0.025~0.03 mg/kg，每 24 小时一次 | 注射液或口服悬液 |
| 甲基强的松龙 | 20 mg/kg，每 3~4 周一次 | 注射 |
| 阿莫西林 / 克拉维酸 | 62.5 mg/kg，每天一次 | 片剂或悬液口服 |
| 林可霉素 | 11~33 mg/kg，每天一次 | 片剂、胶囊或液体口服 |

疼痛管理是任何治疗的重要组成部分。患有口腔炎的猫通常会因口腔中严重的炎症和刺激而感到疼痛和不适。用于疼痛管理的常用药物是布托啡诺、曲马多和丁丙诺啡。非甾体抗炎药可以帮助控制疼痛和炎症，但由于猫可能对该类药物高度敏感，因此必须谨慎使用，特别是长期给药。猫居家给药通常很棘手，需要给猫主人讲授具体操作方法，优先选择可以经粘膜给药或透皮的贴剂，以减少患猫应激。

全身给药的抗菌药物和漱口水形式的消毒产品可以帮助控制口腔细菌。常见的全身用药有阿莫西林 / 克拉维酸、克林霉素、强力霉素和甲硝唑。最常用的漱口水是氯己定溶液和次氯酸溶液。众所周知，疱疹病毒会引起口腔炎症。抗病毒药物如赖氨酸在某种程度上对口腔炎有效，但前提是已知疱疹病毒是病因。患有口腔炎的猫对牙龈上发生的炎症以及牙斑和牙菌斑中的细菌表现出积极的免疫反应。这就是为什么可以通过免疫抑制剂药物实施治疗或与手术切除结合进行治疗的原因。许多种类的免疫抑制剂可供使用，但最常见的是环孢菌素，临床研究证明环孢菌素可使 50% 的口炎患猫的症状缓解。药物治疗一样需要密切监测，而对于环孢素，应密切注意猫的肾脏和肝脏功能。类固醇也常用于治疗口炎；最常用的是泼尼松片和甲泼尼龙注射液。这些药物通常有利于镇定牙龈的抗炎特性。类固醇有助于消炎，可在短期内缓解患猫症状。

2. 手术治疗

拔牙对于缓解和消除炎症也是一种选择。一些猫主人对于拔牙操作本身存在天然的恐慌和排斥，其实主要是因为他们误以为猫失去牙齿就无法进食。临床上，猫常常出现抗药性，并且症状可能反复，炎症得不到控制。比起长期依赖药物，实施外科拔牙术无疑是首选。拔牙的数量取决于兽医师对于病牙严重程度的判断。手术治疗后可见临床症状缓解，更多情况下患猫可自愈。当给予药物治疗弊大于利或者猫主人指定手术时，兽医师需要进行术前评估，从根本上停药。外科激光处理当然也是一种较新颖的选择，但并非在所有部位都适用。外科激光治疗的目标是去除发炎的牙龈组织并促使疤痕组织形成。疤痕组织填充入原发炎的牙龈组织后，已切割治疗的区域的血液供应会减少，导致免疫反应降低。但激光治疗并不总能取代药物治疗和外科拔牙术的联合疗法。

一次麻醉内拔牙的个数将取决于具体操作。每个兽医都有自己的操作舒适度，可能选择一次拔除一侧牙齿或仅拔除受影响最严重的区域的牙齿。拔牙操作中最关键的是要拔除整个牙齿，特别是牙根。如果牙根的任何部分被不慎留在牙槽中，术后还会持续引发口腔炎症。必须使用口腔内 X 光摄片来确认有没有牙根碎片残留在体内。

进行拔牙时应实施多模式镇痛。术前应给予患猫镇痛，预防拔牙引起的疼痛。局部麻醉或区域神经阻滞也可应用于相关治疗。

3. 术后护理

止痛药要方便宠主给药和患猫服用。术后应喂养容易进食的罐头湿粮。如果猫因疼痛而无法进食，则必须尝试替代方案。替代方案包括强制喂食或者放置饲喂管，人为添加允许食物和药物进入消化道的通路。在安置饲喂管前必须与猫主人说明情况并征得同意，因该操作需要麻醉患猫，存在风险。理想的情况是在进行拔牙时安置饲喂管。办理出院前需要提供有关饲喂管使用和护理的教学，确保居家护理达到预期效果。饲喂管会留置于猫体内 1～2 周，如果猫恢复自行进食，则考虑尽早取出饲喂管。

在某些情况下，拔牙足以使患猫感到舒适。其中许多例外情况与患猫在手术治疗前接受药物治疗的时间有关。

治疗牙龈口炎的目标是提高患猫生存质量，将它们的痛苦降到最小，后续可能需要更多的医疗介入，因为本病病因不确定，会导致很多医疗手段的效果不理想。

# 猫嗜酸性肉芽肿诊疗

## 一、临床症状

嗜酸性肉芽肿是一类常见的猫皮肤炎性病变，发病部位包括体表皮肤（特别是与黏膜交接处）和口腔。该病变主要有三种表现形式：

（1）嗜酸性溃疡：通常见于上唇的人中或上犬齿附近，边缘清晰；双侧或单侧边缘凸起，表面见黏膜坏死；

（2）嗜酸性斑块（不常见）：表现为凸起的病变，呈黄色至粉红色，潮湿，通常与粟粒性皮炎和嗜酸性肉芽肿一起发生在下巴部位；

（3）嗜酸性肉芽肿：表现为单个结节或成群的线性溃疡（见图7-7）。它们可见于身体的任何部位，但最常见于腹部区域；这些病变可累及口腔黏膜、硬腭、软腭和舌根（引起吞咽困难或舌痛）；嗜酸性肉芽肿可与口臭、厌食和唾液分泌过多有关，在口腔中可能难以控制。

图7-7　猫嗜酸性肉芽肿照片

嗜酸性肉芽肿的病因尚不清楚，但可能是外伤所致，也被认为是特发性的。临床诊疗倾向于排除某些潜在的超敏反应，例如食物过敏、特异性或昆虫过敏，以及细菌或病毒感染等。嗜酸性溃疡与跳蚤和其他过敏原的过敏反应以及拔除上颌尖牙后的创伤（下颌尖牙可以接触上唇）有关。嗜酸性斑块和嗜酸性肉芽肿的发病也可能具有遗传因素。2~6岁的猫易患嗜酸性肉芽肿综合征，雌性的发病率是雄性的两倍。

这些病损是无痛无瘙痒的，但舌头和嘴唇的不适会因舔舐而加剧。患猫表现为厌食和唾液分泌过多。在口腔检查中，可以看到溃疡。病变较大的猫可能会出现面部扭曲。

## 二、诊断方法

主要通过体检、病史采集、细胞学和/或组织学检验完成。可以通过刮除病变来获取细胞学样本。但是，一些不规则的肉芽肿可能与鳞状细胞癌非常相似，需要通过活体组织病理学检查进行区分。活检主要用于排除肿瘤和微生物感染（病毒、细菌以及真菌性）。

## 三、治疗技术

### （一）药物治疗方案

可能与昆虫叮咬和跳蚤过敏有关的患猫，要及时远离带虫环境并采取体外寄生虫预防措施。有时给予抗生素会对病变产生一定治疗作用，尤其是在继发细菌感染，提示细菌性因素可能部分参与致病的情况下。对于溃疡病例，建议给予抗生素，常用的有克林霉素、头孢氨苄及阿莫西林/克拉维酸。糖皮质激素常用口服地塞米松。由于猫体内细胞的类固醇受体较少，因此需要比其他物种更高的给药剂量。较高的剂量应用作诱导剂量，后续尽快地减量。病变复发时需要隔天口服糖皮质激素或皮下注射甲基氢化泼尼松（这种药不要在2月内重复给药）。临床症状明显改善需要2~4周。当病变改善时，应该逐渐减少糖皮质激素至最低剂量。若病变对上述类固醇治疗无反应，可用免疫调节剂替代。免疫调节药物可包括苯丁酸氮芥和左旋咪唑。欧米伽（Omega）类不饱和脂肪酸也被证实有免疫调节的功效。

### （二）手术和其他治疗方法

外科手术是治疗较大或单一病灶的一种选择，其可以缩小这类病灶的体积，以便患猫更舒适地咀嚼食物。其他选择包括冷冻手术、激光疗法和放射疗法，但成功率一般。

### （三）预后

本病预后各不相同。年轻的猫通常预后良好。1岁以内的嗜酸性肉芽肿患猫可能在3~5个月后自发性退化。对于具有潜在复发可能的病例，需要接受长期的治疗来防止病变复发。进行药物治疗时，对疗法反应不佳、并发副作用的患猫，预后不良。

## 任务四　猫牙吸收诊疗

### 一、临床症状

#### 1. 定义

猫牙吸收曾经有很多名称，包括猫牙髓细胞吸收性病变（FORL）、牙颈线或颈部病变以及猫口腔吸收病。2009年，美国兽医牙科学会（AVDC）正式采纳了"牙吸收"（TR）一词，因为这种病变不仅发病于猫科动物，其他物种，如犬科动物和灵长类动物也可见类似口腔牙科病变。

牙吸收被定义为破牙细胞对牙齿硬质的吸收。破牙细胞是多核细胞，被触发时，开始吸收乳牙。牙吸收是这些细胞对牙骨质表面的主动吸收。

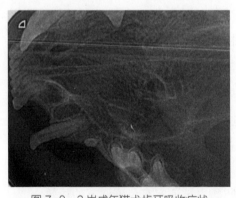

图 7-8　2 岁成年猫犬齿牙吸收症状

一般而言，在恒齿萌发、替换乳齿的过程中，乳齿齿根发生牙吸收，早于恒齿萌发。在某些乳齿脱落不全的病例中，即使没有恒牙的萌发，也会持续发生牙吸收，导致牙齿结构和功能难以存续。如图 7-8 所示，患猫犬齿（208 位置）乳齿未脱落，患齿具有正常牙体的全部结构及功能，但缺失牙釉质、牙本质、牙髓腔及牙周韧带等结构。

通常情况下，牙吸收分为内吸收和外吸收。内吸收最开始发生于根管系统，而外吸收一般开始出现在病变牙周韧带或者其他牙周组织。吸收在人医上已知的几种机制是，表面吸收、替代性吸收（伴有齿骨粘连）和炎性吸收。炎性吸收一般指的是牙根的吸收，病因不明的，一般称为特发性牙吸收。

#### 2. 临床症状

曾经有人认为这些病变是牙周病的结果，但真正的原因仍然未知。这是一种进行性疾病，在第 2、3、4 阶段，牙本质和牙髓一旦暴露，患猫会感到疼痛；但多数患猫尚可进食。最常受影响的区域是下颌第三前臼齿、第一臼齿以及上颌第三和第四前臼齿。有时病变易与牙龈增生相混淆。一旦病变开始破坏牙冠中的牙釉质，肉芽组织就会填充缺损处。

1）常见的临床症状

常见的临床症状包括：下颌颤，进食时有食物遗落，流涎过多，摇头，喷嚏，口腔出血（与牙龈组织的炎症有关）以及厌食（不太常见）。随着病程发展，牙冠会遭到破坏，在此阶段可观察到牙体缺失。当牙吸收发生于牙冠和牙本质时，它会将牙齿的牙髓腔暴露在口腔环境中，易引发牙髓内细菌感染。

流行病学研究未发现本病有性别、品种或年龄倾向，平均发病年龄为4至6岁。但在纯种猫中，牙吸收可能在较低年龄发生。研究表明，成年猫患该病的比例在20%～75%之间。在109、209中出现牙吸收最常见，概率有30%左右。自然情况下，牙吸收一般是非细菌性的，尽管在有些牙周病的案例中牙结石中的细菌会刺激成牙细胞。尽管原因多种多样，成牙细胞开始发生吸收的部位通常在牙颈部。

2）牙吸收分类

（1）根据严重程度将牙吸收分为五个阶段（见图7-9）。AVDC的定义如下：

阶段1（TR1）：轻度牙齿硬组织丧失（这是最难识别的阶段）；

阶段2（TR2）：中度牙齿硬组织损失；

阶段3（TR3）：深层牙齿硬组织损失（延伸到牙髓腔），大多数牙齿保持其完整性；

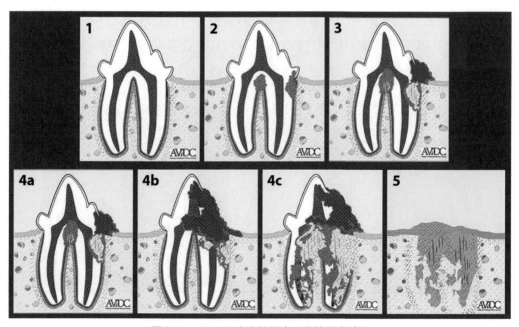

图7-9　AVDC定义的牙齿吸收的五个阶段

阶段4（TR4）：广泛的牙齿硬组织丧失，大部分牙齿已失去完整性。

阶段5（TR5）：成牙细胞会消失完全被骨代替，影像上也无法找到相关结构。

（2）根据放射影像学外观以及相应的疗法，牙吸收可分为三种类型：

Ⅰ型（TR1）：X光片观察，牙体可能有局部甚至多个空洞部分，但一般牙体X光片显示，牙周韧带间隙正常（见图7-10）。牙吸收常伴有感染，在口炎或者牙周病这些案例中较为多见，而且在这些案例里，影像学表现经常伴随牙槽骨的丢失，但可以看到成型的牙根以及可辨识的牙周韧带区域（见图7-11）。我们注意到，部分牙体确实并未被骨质替代，而且牙体部分根管及牙周韧带依然清晰。

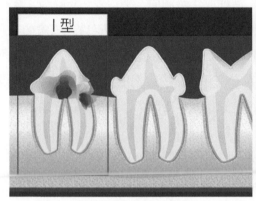

图7-10　Ⅰ型牙吸收

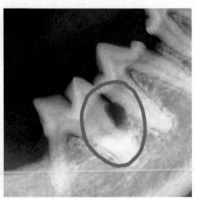

图7-11　右侧第一臼齿
（409）Ⅰ型牙吸收

Ⅱ型（TR2）：至少部分区域牙周膜间隙变窄或消失，射线不透性降低（见图7-12）。通常在局部牙龈炎，或者牙龈增生的案列中可以发现。牙体影像密度会发生明显变化，部分牙根被牙骨质代替（见图7-13）。该病程继续发展的话，牙齿所有结构都会基本消失，被骨质所代替（见图7-14）。

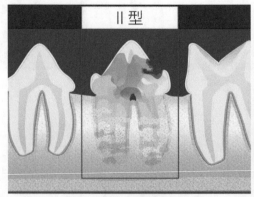

图7-12　Ⅱ型牙吸收

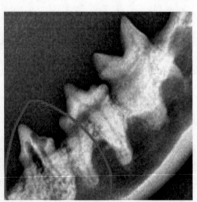

图7-13　左下颌307部分骨质替代

Ⅲ型（TR3）：同一颗牙齿中可见Ⅰ型和Ⅱ型外观，即一颗牙齿上同时可见部分牙吸收、骨质替代、牙周韧带区域变窄甚至缺失（见图7-15）。不仅上述区域存在局部或多个空洞，牙体其他区域也在X光片中普遍变淡。图7-16、图7-17可见近头侧齿根被骨质重塑，牙根基本结构已消失。近尾侧牙根部分的牙根结构消失，并未出现骨质替代。

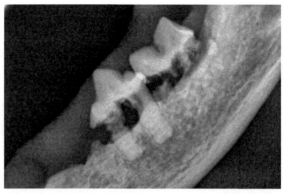

图7-14 左下309牙槽骨与牙冠已无连接、出现牙根骨替代

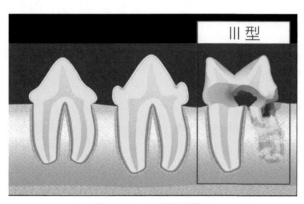

图7-15 Ⅲ型牙吸收

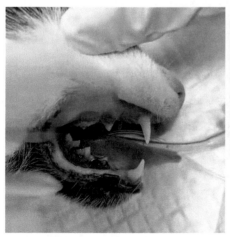

图7-16 4岁已绝育口炎猫

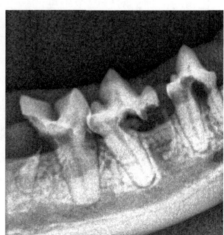

图7-17 图7-16右下颌影像

## 二、诊断方法

本病的确诊应结合全面的口腔常规检查和口腔 X 光片。因为本病罹患率比较高，对所有患猫进行全面口腔内检查很重要，在非麻醉状态下进行的口腔检查往往可能错过表里不一或者被其他增生组织覆盖了的病变部位。部分患猫上覆牙龈或牙龈边缘发炎严重，而其他部位无明显炎症。患猫麻醉后，应使用牙周探针和牙科探针对每颗牙齿进行仔细评估。通过下探牙龈下方检测牙齿珐琅质和牙骨质中的凹坑区域。探针在探查通路出口时碰到病损边缘，会发出声响。鉴于猫的解剖结构，在下颌臼齿处使用时要更加仔细。需要对常见干扰识别的解剖特征有所了解，磨牙分叉间隙可能被误诊为吸收性病变。

指代小动物牙吸收的国际通用标记是 TR，根据影像学特征确定阶段后，将该阶段标记在宠物牙科图表上，在患牙位置涂记一个圆点，表示病变的位置，例如 TR3，即牙吸收影像原三级病变分型。注意这里说的分型仅指影像学特征评估，如果已知患猫的牙齿处于 TR3，但在 X 光片上可能仅显示牙周韧带变窄和消失，那么这颗患牙将暂评估为 TR2。

虽然在很人程度上牙吸收分期的学术意义更大，但是对某些特定病例而言，这一分期方法有助于制定相应的治疗方案。

## 三、治疗技术

通常来说，治疗方案取决于口腔 X 光片的观察结果，对极早期的病变可以进行局部氟化物的治疗；对轻度至中度的病变可以实施根管治疗的修复；对重度的牙吸收可以进行拔牙或者牙冠截根术处置。

### 1. 牙齿拔除

中度至重度病变的病患应考虑拔牙，因为在猫上抬高唇侧粘膜瓣非常具有挑战性。虽然牙根暴露以及松动的犬齿很容易被拔除，但由于相关黏骨膜瓣难以理想制备，患牙部位会很难愈合。所以只能在未观察到牙根松动以及牙周韧带正常的牙体上考虑全牙拔除。对于同侧下颌犬牙，一般建议用细金刚砂车针圆整牙冠冠尖，避免打开并触及髓腔，钝化磨圆的冠尖可减少下颌犬齿对上颌口腔黏膜的损伤。

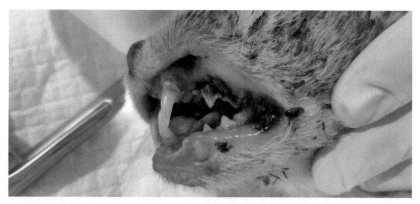

图 7-18　猫拔牙前症状

图 7-19　猫全口牙拔除

在多根牙中，一般建议先去除唇侧和颊侧的牙槽骨，这样冠根段就能有效移除。当需要拔除一个颌面上多个牙齿或者牙根时，一般需要制备一个大的黏骨膜瓣（全厚瓣）进行缝合修复。在牙科影像上，常发现牙吸收导致冠部或者部分根部丢失后，残存根或残留物会留在原处，表现为缺牙区域的一个牙龈凸起（注意区分瘤变的情况）。当然如果残存的牙根还有明显的组织结构或形成牙龈炎及牙周炎，必须拔除。

2. 牙冠截根术

在 II 型中，出现齿骨粘连和部分被牙槽骨重塑的情况，可以通过牙冠截根术来治疗。牙冠截根术是一种很好的治疗选择，因为它的侵入性较小，患者更容易康复；但仅适用于排除牙周病、牙髓病、牙龈口炎的情况。牙冠截根术通过制作一个小的包络瓣并使用圆形车针或金刚石圆形车针，在牙龈边缘切掉牙冠，再使用可吸收缝线闭合牙龈瓣。这种治疗仅在牙根吸收处于晚期阶段时进行，即牙周韧带变得难以与周围的牙槽骨、牙根、牙骨质和牙本质区分开时。该方法禁忌症包括牙周炎、牙髓疾病、根尖周疾病。另外在患有口炎或者猫艾滋、猫白血病的案例中，必须通过截冠来治疗。

### 3. 其他治疗法

临床上本病修复性治疗的成功率很低——在术后 2 到 3 年的随访发现仅有 10%～20% 的患猫疗效理想。

口服氟化物治疗尚未被证明有助于预防或减缓牙吸收过程，因为它没有解决牙吸收的病因（即牙根到牙龈组织的病变）。用玻璃离子或者复合树脂按标准修复，结果基本都是失败的。用激光治疗（Nd:YAG 激光），配合珐琅质和牙龈成形术治疗猫牙吸收，成功率较高。但是没有牙科 X 射线评估以及组织病理学评估来确认是否有牙吸收进展。还有一种方案是应用阿仑膦酸盐来治疗，阿仑膦酸盐是一种双磷酸盐化合物，能优先聚集在牙龈下、临近的牙槽骨以及根管系统中，可以有效地减少或者阻止牙吸收的进程。但是只在少数猫上进行过实验研究。

一般不建议采用所谓的"牙根粉碎化或雾化"的方法来治疗牙吸收，即用高速水冷车针将非常脆弱或强直的牙根残片粉碎成许多颗粒。因为该技术可能会引发严重的并发症，包括不完全根治，舌下软组织、牙槽骨及神经管损伤，皮下及舌下气肿，空气栓子以及残根进入下颌管、眶下管或鼻腔。

综上所述，处理牙齿吸收时，一定需要借助宠物口腔 X 光摄片，否则无法准确识别病变，以及对症状进行分期。分期不准，则无法准确治疗。当无法进行口腔内 X 光检查时，需要将牙吸收患猫转诊至具有牙科 X 光摄片读片能力的诊疗机构。

猫犬齿如出现病理性牙根暴露和牙槽骨扩张的情况，需要对犬齿进行全面评估，方法包括牙科影像（从不同角度"绘制"变化程度）、牙周探查（以发现牙槽骨中严重的垂直吸收）以及触诊（牙齿的移动程度）。那些有轻微病变但没有出现牙吸收的犬齿可以通过定期的临床检查和牙科影像进行监测，但是要对病程发展进行预测。

# 任务五　猫牙龈口炎诊疗实践

## 一、实操目的

适用于牙齿吸收、口炎、牙周疾病、牙齿损伤（磨损、断裂、移位）、牙体和根尖周围疾病、为治疗咬合不正等而实施拔牙。

## 二、材料与设备

动物：实验动物。

器材：手术刀、骨膜剥离器、圆形车针、橄榄球形车针、裂钻车针、乳酸林格氏液（或生理盐水）、牙根挺、拔牙钳、牙根拔除钳、组织剪、牙钳、缝合材料、持针器、缝线剪刀、纱布。

## 三、操作过程

猫牙龈口炎的治疗过程如下：

（1）使用 0.12% 的氯己定溶液冲洗口腔；

（2）切开牙齿周围的附着龈；

（3）从上颚犬齿的唇面创建一个水平切口，并沿着齿槽缘直到最后一颗要被拔除牙齿的远心面；在犬齿的近心面创建一个垂直的释放切口，从根尖下刀并延伸至黏膜牙龈交界处，深入齿槽黏膜并深至见骨，然后延伸至牙龈缘；

（4）使用锋利的骨膜剥离器让牙龈和齿槽黏膜与下层唇侧与颊侧骨组织分离，并掀起颚侧牙龈作为袋状瓣以暴露齿槽缘；

（5）使用圆形车针搭配冷水冲洗，视每个病例的情况修磨覆盖牙根的齿槽骨高度，也可以修磨牙根近心和远心面狭窄的牙沟，以利于骨膜剥离器咬住牙齿；

（6）切割多牙根的牙齿；不需要切割上颚第一臼齿时，可以使用单牙根牙齿拔牙术拔除；

（7）松动和拔除牙齿的所有部分；

（8）略微掀起颚侧牙龈，然后进行清创，使用大支的橄榄球形车针整平齿槽骨并冲洗拔牙部位；

（9）切除皮瓣边缘，使用手术刀片切开皮瓣基部的骨膜，使用钝头的组织剪剥离结缔组织，并确保皮瓣无张力地覆盖拔牙部位；

（10）采用简单间断缝法将皮瓣缝合在颚侧牙龈上，最先缝合皮瓣的边角，然后在距离皮瓣边缘 2～3 mm 和 1～2 mm 的地方放置其他缝线。

## 四、临床操作技巧及注意事项

猫牙龈口炎的治疗技术及注意事项如下：

（1）建议检查并触摸根尖并比较拔牙前后（缝合皮瓣之前）的放射线影像，以确认完整移除牙齿组织；

（2）可以采用简单连续缝合技术缝合大面积的皮瓣，以尽可能地减少口腔内的结节数，并减少总麻醉时间，然而，选择这种缝合技术时应考虑到伤口裂开和术后并发症的风险；

（3）对于经验不足的临床兽医师，明智的做法是一次拔除一颗牙齿，而不是施行齿槽骨切除术并同时拔除多颗牙齿，需要时可以中断麻醉并让患猫迅速苏醒；

（4）应避免以下情况：

①掀起过多的唇/颊侧及颚侧皮瓣，并造成皮瓣受损；

②移除过多骨组织；

③伤害到从眶下孔穿出或眶下管内的神经血管束；

④伤害到腮腺和颧骨唾液腺管；

⑤使得牙根组织进入鼻腔或眶下管内；

⑥牙根挺咬住犬齿的颚侧面，这可能造成分隔鼻腔和牙齿的细薄骨组织断裂，并形成急性口鼻瘘管或导致根尖移位至鼻腔内。

## 五、实操练习

学生分组，按操作步骤练习。

 项目八

# 兔牙科常见疾病诊疗

**任务一 口腔解剖与检查**

兔属于兔形目。兔形目动物的所有牙齿都没有真正的解剖学牙根部并且不断生长，牙列均为永生齿。乳牙在 5 周龄时被恒牙取代。

**一、兔的口腔解剖和牙列**

$$2 \times \left\{ I\,\frac{2}{1} \;\; C\,\frac{0}{0} \;\; PM\,\frac{3}{2} \;\; M\,\frac{3}{3} \right\} = 27$$

（I = 门齿；C = 犬齿；PM = 前臼齿；M = 臼齿。）

兔子的口腔长而窄，在门牙与颊齿之间，有很大的牙间隙，由嘴唇、舌头和门牙协同完成对食物的摄取，再由口腔后端锯齿状颊齿咀嚼食物。兔子的下颌骨比上颌骨窄，有 4 个上颌切齿——2 个前牙和 2 个后牙。后切齿比前牙小，通常被称为"钉"牙。兔头骨的咬合面及侧视图如图 8-1、图 8-2 所示。

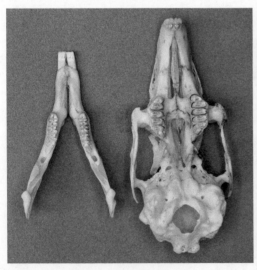

图 8-1 兔头骨：咬合面

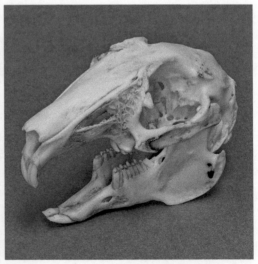

图 8-2 兔头骨：侧视图

### 二、宠物兔的口腔检查

应首先评估面部和头部是否对称，是否肿胀，是否有眼或鼻分泌物，是否流口水或皮肤是否湿润，是否存在唾液污染，是否存在脱毛、明显门牙过度生长和 / 或异常的门牙磨损。对清醒兔进行彻底的口腔检查是很困难的，因为兔口腔过于狭长，只能观察到口腔的前部，而且口腔内通常有食物，可能会遮挡牙齿。医学耳镜可用于观察清醒宠物兔的口腔，但这种方法只能检查出部分的问题。镇静或全身麻醉后就可以使用开口器、脸颊扩张器、放大镜和牙镜更彻底地检查口腔尾部，例如不水平的咬合面、牙齿上的尖刺、牙齿之间的食物嵌塞、软组织受损、牙齿松动或牙齿断裂（见图 8-3）。牙根过长和根尖周透明化必须通过拍摄颅骨 X 光片来确认。

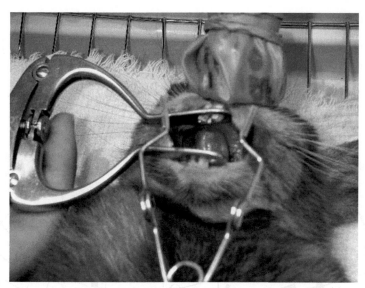

图 8-3　放置兔开口器和脸颊扩张器

 麻醉与疼痛管理

麻醉前禁食可能导致兔子低血糖和胃肠停滞，兔无法呕吐，不会增加吸入性肺炎的风险。禁食应限制在镇静前 0～4 h 内，以便清除口腔中的食物。应至少测量红细胞压积和总蛋白（PCV/TP）以及血糖。宠物兔采血或者留置针安置通常考虑头静脉、隐静脉或耳缘静脉。

对衰弱的兔子进行镇静或麻醉是有风险的，在尝试麻醉之前可以给予动物抗生素、止痛、营养支持、喂食等。一些手术，例如切齿或口腔检查可以仅使用化学保定。咪达唑仑、美托咪定、丁丙诺啡和布托啡诺等药物，通常用于镇静、减轻与麻醉诱导相关的压力、减少唾液分泌和缓解疼痛。兔牙科常用药物方案和剂量见表 8-1。

表 8-1　兔牙科常用药物剂量

| 用　途 | 药品名 | 剂　量 |
|---|---|---|
| 麻　醉 | 咪达唑仑 | 0.25～2 mg/kg IM |
| | 右美托咪定 | 0.05～0.125 mg/kg IM |
| | 格隆溴铵 | 0.01～0.02 mg/kg IM、SC、IV |
| | 丙泊酚 | 3～6 mg/kg IV |
| 镇　痛 | 丁丙诺啡 | 0.01～0.05 mg/kg IM、SC、IV |
| | 布托啡诺 | 0.2～2.0 mg/kg IM、SC |
| | 美洛昔康 | 0.1～0.3mg/kg SC、PO |
| | 卡洛芬 | 1.5～5.0mg/kg SC、PO |

注：IM 即肌肉注射；SC 即皮下注射；IV 即静脉注射；PO 即口服。

由于兔口腔小、舌头较大，声门位于尾部，插管可能很困难。反复插管很容易伤到气管。首先用异氟醚或七氟醚面罩诱导麻醉兔子，或者用静脉注射药物如丙泊酚或氯胺酮和地西畔诱导麻醉。建议选用专用的气管插管产品或特定的插管方法，

提高医疗服务质量。

可以尝试两种类型的插管方式：直接可视化插管或盲插管。在任何一种情况下，兔子要都通过静脉注射麻醉药物或吸入麻醉剂，并置于胸趴卧位，头部和颈部完全伸展。使用 2.0～3.5 mm 气管，末端涂上局部麻醉凝胶，以方便插管。在直接插管的过程中，可以用纱布带缠绕上门牙和下门牙，尽可能地张开嘴巴，抓住舌头并拉到一边。将喉镜插入口腔，使声门可见，导管从喉镜滑下并进入气管。对于盲插管，必须依靠兔自主呼吸音判断插管行进位置。气管插管穿过舌根后，在管子前进的同时，在另一端聆听呼吸噪音，以便将管子引导到正确位置。如果兔子有呼吸但没有听到呼吸噪音，则管子已经进入食道。如果呼吸噪音变大，则该管仍在进入气管的途中。一旦管子完全推进并且仍然听到呼吸噪音，则兔子已经成功插管。

兔插管的另一种选择是气管内插管，即 v-gel，其是由英国 Docsinnovent 公司发明的。V-gel 有多种尺寸可选择，可以快速定位，避免气道创伤，并且可以高压灭菌以供多次使用。

如果插管失败，或者兔体积过小，可以通过在鼻子上放置一个小的麻醉面罩来维持麻醉，或者使用 4～8 号红色橡胶导管插入一个鼻孔并推进到咽部的深度（见图 8-4），使用气管插管适配器将导管连接到麻醉软管上。

图 8-4　宠物兔放置鼻管以维持麻醉

可以利用儿科听诊器、多普勒血压监测器（可以将晶体直接固定或贴在胸部皮毛上或放置在兔脚爪、耳朵上），或使用$SpO_2$传感器（放置在舌头、耳缘和阴囊上）进行心率监测。监测黏膜颜色（特别是舌头）和呼吸时的胸部运动是必不可少的。兔眼睑反射首先在麻醉平台期消失，随后是脚回缩反射消失。在手术平台期，耳反射消失。角膜反射消失，则表明麻醉太深。兔很容易出现体温过低，所以一定要监测和保持体温。

兔对疼痛非常敏感，会变得厌食和嗜睡，进而导致胃肠停滞、伤口愈合延迟、休克甚至死亡。磨牙是兔疼痛的常见迹象，拱背、发声和活跃度降低也是常见迹象。任何经历痛苦或正在接受手术的兔都应该使用止痛药。对兔有用的镇痛药包括丁丙诺啡、布托啡诺、美洛昔康和卡洛芬。

## 任务三 常见牙科疾病治疗

### 一、咬合不齐

宠物兔最常见的牙科问题是牙齿咬合不齐，导致牙齿过度生长。

咬合不齐可分为外伤性或非外伤性。外伤性咬合不齐是由牙齿损伤引起的，牙齿损伤导致部分牙冠丢失，随后导致对侧牙齿失去正常磨损。非外伤性咬合不齐通常是由遗传条件引起的，例如下颌长度差异，或因营养不足，例如没有足够的粗饲料来磨损不断生长的牙齿。在任何一种情况下，牙齿过度生长都会导致牙齿曲率改变，进而使咬合面不再能够充分接触和磨损。牙齿曲率的改变也会扩大牙齿之间的空间，导致食物和碎屑嵌塞，进而导致牙周囊袋和牙周脓肿。

牙齿磨损不足会导致尖锐的牙刺出现，导致舌头和颊黏膜的软组织撕裂，还可能会导致过多的唾液分泌。牙冠伸长的后果是牙根过长，当伸长的牙冠与对侧的牙齿接触并最终无法进一步萌出时，牙齿并不会停止生长，最终导致根尖侵入下颌骨和上颌骨。下颌牙根的伸长会重塑骨骼，让下巴摸起来呈"波浪状"。而过长的上颌颊齿牙根会进入眼眶，严重时会导致眼睛突出。上颌切齿的牙根伸长会阻塞泪管，导致泪溢。

外伤性咬合不齐是通过磨平受损牙齿的尖刺边缘来治疗的。用牙科钻或锉刀修复断裂的牙齿，如果牙髓暴露在外，则去除受感染的组织，并用氢氧化钙膏覆盖，再在上面覆盖一层薄薄的玻璃离聚物。还应在对侧牙齿上进行常规磨牙术（也称为牙冠高度降低或咬合平整），直到断裂的牙齿重新长出。颌骨长度差异导致的非外伤性咬合不齐可以治疗，但通常无法治愈，因为下颌骨咬合不齐会持续余生，通常每 6~8 周需要进行一次磨牙。当由于某些其他原因（例如膳食粗饲料不足）继发错合时，通常也会出现这种情况。如果牙齿的曲率发生了改变，导致它无法与对侧的牙齿相遇并磨损，即使进行多次咬合调整，恢复正常的情况也并不常见。

拔除受影响的牙齿和对侧牙齿是解决问题的另一种选择。在营养缺乏，牙齿曲率没有改变的情况下，饮食改变（例如用干草代替磨蚀性较小的颗粒）是有效的，尽管让兔子接受新的饮食方案通常很困难。

## 二、磨牙手术

不建议使用指甲钳或牙齿修剪器修剪门牙或颊齿，因为它们会导致牙齿纵向断裂。更好地进行磨牙手术的工具是牙钻。修剪门牙，可使用 #330、#701 或高速金刚砂车针，也可使用高速车针，但要将水关闭。对于清醒的兔，需用压舌板或将几根棉签放在门牙后面，以保护舌头和软组织免受伤害。建议一次切割和打磨一颗门牙，注意不要破坏牙髓腔（如果牙髓确实暴露在外，请按上述方法用氢氧化钙和玻璃离聚物处理）。

实施颊齿磨牙手术，需要进行麻醉。将兔子置于背卧位，放置面颊扩张器和张口器。务必保护舌头和口腔组织免受撕裂。用慢速手钻和钻头磨短过度生长的牙齿或牙齿边缘。利用棉签或者吸引器吸去多余的唾液和口中的碎屑。如果兔没有插管，这一点尤其重要。如果没有电钻，可以使用小型哺乳动物专用的磨牙锉刀轻磨颊齿。

## 三、拔牙

对于存在反复发作和难以根治的牙齿，可以考虑拔牙。首先用氯己定溶液清洗口腔患部。由于牙根长而弯曲，应先使牙周韧带松动，将牙挺放在牙齿之间，并保持 10～20 s，直到松动。拔牙前，应将牙齿压回牙槽内，同时轻轻旋转牙齿以去除开放的根尖处的生发组织。如果拔牙后在根尖处没有看到软组织，则牙槽内可能仍有生发组织，应刮除以防止再生。如果留下少量的生发组织，牙齿可能会重新生长，必须向主人事先说明这种可能性。拔牙部位应用可吸收线缝合闭合。如果牙齿在拔牙过程中断裂，可以用氢氧化钙覆盖并使其重新生长，之后再拔除。请记住，对侧的牙齿会继续生长，因此可能需要磨牙或拔除对侧牙齿。

## 四、牙周病和牙根脓肿

与牙菌斑相关的牙周病在兔子中很少见。更常见的是，食物或垫材等碎屑进入牙齿之间，将细菌引入牙周组织，感染会沿着牙齿向下蔓延，导致牙齿松动和/或形成根尖周脓肿。这种感染会影响多颗牙齿，甚至最终导致骨髓炎。根尖周脓肿的其他原因包括牙髓暴露和随后的牙髓感染或穿透伤口。

治疗包括拔除受影响的牙齿，刮除任何受感染的组织并用盐水或聚维酮碘溶液冲洗该区域和使用全身抗生素，以及在牙周囊袋或缺陷处放置抗生素凝胶或抗生素微球。当无法从口腔内完全刮除脓肿时，可能需要进行口外脓肿穿刺。即使经过治疗，脓肿也很常复发，这可能是由于脓肿物质难以完全清除，可能需要进行多次手术。

### 五、牙科器械

一套完整的兔牙科器械包括切齿牙挺、前臼齿 / 磨牙牙挺、牙根拔牙器、开口器、脸颊扩张器、前臼齿 / 磨牙锉刀、压舌板、用于磨牙的低速车针以及用于切齿修整的高速车针。其他有用的工具包括放大镜、装有导管的抽吸器抽吸头（用于从口腔中抽吸液体和碎屑）以及棉签（用于止血、吸收液体并清除口腔中的碎屑）。

# 任务四 饲养管理与居家护理

接受过口腔手术的宠物兔可能需要人为营养支持直至痊愈。人为干预饲喂各种处方软食，例如Oxbow重症监护配方草粉、酸奶或用干草、蔬菜和水在搅拌机中制成的泥状食物。带有导管的35 mL注射器可以很好地支持饲喂较大的兔子，而将头剪掉的注射器适用于小兔子。

适口性不良的药物可以与果汁或糖浆混合，用注射器饲喂。如果患宠进行了口外手术，例如脓肿穿刺，笼内垫材碎屑可能会粘在该部位。应建议主人每天数次使用纱布和温水保持该区域清洁。将聚维酮碘溶液和无菌生理盐水调配成淡茶色（大概1:20），冲洗脓肿，注意不要用过多的液体，以防这些脓肿进入口腔，并且必须让兔子有时间吞咽生理盐水，才不会导致吸入性问题。高品质次氯酸是国外牙科操作中常用的清洗剂，口服安全无毒，又能起到良好的消毒作用。

添加可以预防咬合不齐的食物。应以蔬菜粗粮食物为主，例如提摩西干草、新鲜牧草；商品化兔粮最多可以占总体饮食的三分之一。

项目九

# 啮齿类牙科常见疾病诊疗

•学习目标•

❶ 掌握啮齿类宠物（豚鼠和鼠）的牙齿以及口腔解剖结构。

❷ 掌握上述物种牙列之间的重要差异。

❸ 掌握上述物种常见的牙科问题。

❹ 了解上述物种专用的牙科器械。

❺ 了解上述物种口腔护理知识，可以进行居家口腔护理的宠主教育。

❻ 掌握上述物种牙科影像学摄片操作。

159

# 任务一 口腔解剖与检查

## 一、解剖学特征

所有啮齿动物都有两对不断生长的门牙，没有犬齿。啮齿动物也没有乳牙，只有恒齿。但是不同啮齿类动物的牙列各有不同。

### （一）豚鼠形啮齿动物（含豚鼠、龙猫、八齿鼠）

豚鼠形啮齿动物的所有牙齿都有开放的根尖，使牙齿不断生长，这种牙列叫作永生性牙列，常见于草食动物，用于咀嚼研磨草和植物。永生牙会不断生长以适应磨损。

豚鼠形啮齿动物的口腔解剖和牙列：

$$2 \times \left\{ I\ \frac{1}{1}\ C\ \frac{0}{0}\ PM\ \frac{1}{1}\ M\ \frac{3}{3} \right\} = 20$$

（I = 门齿；C = 犬齿；PM = 前臼齿；M = 臼齿。）

豚鼠形啮齿动物口腔小而窄，切齿与颊齿之间的齿间间隙大。切齿上的牙釉质表层最厚，呈橙黄色。这种色素沉着在豚鼠身上只见于牙齿。颊齿咀嚼面宽大，且不与口腔平行，而是朝着尾部方向发散生长。

豚鼠犬骨的咬合面和侧视图如图9-1、图9-2所示。龙猫头骨的咬合面和侧视图如图9-3、图9-4所示。

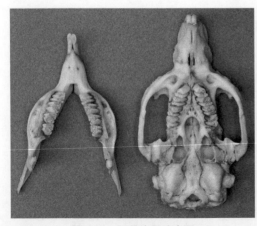
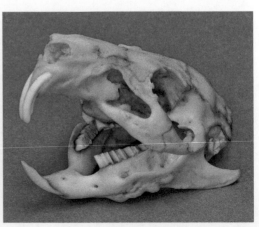

图 9-1 豚鼠头骨咬合面　　　　图 9-2 豚鼠头骨侧视图

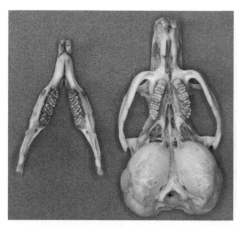

图9-3 龙猫头骨咬合面

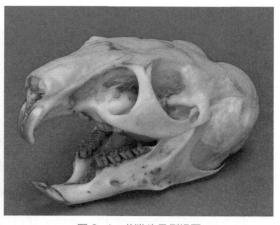

图9-4 龙猫头骨侧视图

### （二）鼠类（大鼠、小鼠、仓鼠、沙鼠）

鼠类以种子、根和块茎为食，具有不断生长的门牙，用于咬碎较坚硬的坚果外壳以获取果仁以及筑巢，但没有持续生长的颊齿，原因可能是其主要食材是不特别磨损牙齿的咀嚼草料。它们的臼齿具有真正的解剖根和短牙冠，称为短冠齿。

鼠类的口腔解剖和牙列：

$$2 \times \left\{ I \frac{1}{1} \ C \frac{0}{0} \ PM \frac{0}{0} \ M \frac{3}{3} \right\} = 16$$

（I = 门齿；C = 犬齿；PM = 前臼齿；M = 臼齿。）

与豚鼠形啮齿动物一样，鼠类也具有长而窄的口腔，但是其脸颊组织填充了门牙和臼齿之间的间隙。仓鼠有大的脸颊袋，用于储存和携带食物、巢穴垫材甚至它

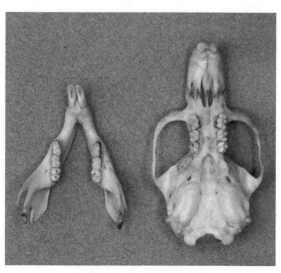

图9-5 仓鼠头骨咬合面

们的幼崽。与所有啮齿动物一样，鼠类有两对永恒生长的切齿（门牙）。下颌切齿通常比上颌切齿长三倍。切齿面的牙釉质较厚，呈橙色。没有犬齿或前白齿（前白齿）。臼齿为短冠齿，位于口腔尾端部。

### （三）啮齿动物的口腔检查

应首先评估动物面部是否有任何不对称、肿胀、眼鼻分泌物、唾液残留，动物是否流口水、无法闭合嘴巴，是否存在明显的门牙过度生长和 / 或异常的门牙磨损。对清醒的啮齿动物进行完整的口内检查是困难的。对于较大的啮齿动物有时可在其清醒时用耳镜来观察口腔和颊齿，但更多时候，需在麻醉后使用开口器、脸颊扩张器、放大镜和牙镜检查口腔内。建议全程内窥录影。

仔细检查是否出现不水平的咬合面，颊齿上是否有尖刺，牙齿之间是否嵌塞食物，舌头是否被牙齿卡住，软组织有无撕裂或溃疡，是否存在颊囊嵌塞、口腔炎或牙齿断裂。

作为完整口腔检查的一部分，还应拍摄颅骨 X 光片，评估咬合，并检查是否存在牙根过长和根尖周异常。

# 麻醉与疼痛管理

麻醉前禁食应限制在 1 小时内，或不禁食。因为这些体型较小的患宠不会呕吐并且有发生低血糖症的风险。若动物体型足够大，进行麻醉前血液检查时，尽可能考虑静脉穿刺采血。啮齿类的隐静脉或头静脉较易收集少量血样，需要尝试放置静脉留置针（使用 24 号或更小号），以便在需要输液的情况下获得紧急静脉通路。

一些检查程序，例如检查切齿或口腔，可以仅使用化学保定来完成。布托啡诺、咪达唑仑、美托咪定、格隆溴铵和阿托品等药物通常用于镇静与诱导麻醉，以减轻相关的应激、减少唾液分泌和缓解疼痛。表 9-1 列出了常用药品以及剂量。

表 9-1 啮齿动物和其他小型异宠的常用药物和剂量

| 药物 | 豚鼠 | 龙猫 | 仓鼠 | 大鼠 / 小鼠 | 刺猬 |
|---|---|---|---|---|---|
| 布托啡诺 | 0.2～2.0 mg/kg SC、IM | 0.2～2.0 mg/kg SC、IM | 1～5 mg/kg SC | 0.2～2 mg/kg SC | 0.05 mg/kg SC |
| 咪达唑仑 | 1～2 mg/kg SC、IM、IV | 1～2 mg/kg SC、IM、IV | 1～2 mg/kg SC | 1～2.5 mg/kg SC、IM、IV | 0.25～0.5mg/kg |
| 美托咪定 | 0.3 mg/kg SC、IM | - | 0.1 mg/kg SC | 0.03 - 0.1 mg/kg SC | 0.1 mg/kg |
| 格隆溴铵 | 0.01～0.02mg/kg SC | 0.01～0.02 mg/kg SC | 0.01～0.02 mg/kg SC | 0.01～0.02mg/kg SC | - |
| 阿托品 | 0.05～0.2 mg/kg SC、IM、IV | 0.05～0.2 mg/kg SC、IM、IV | 0.04～0.4 mg/kg SC、IM | 0.05～0.4 mg/kg SC、IM | 0.01 mg/kg SC、IM |

注：IM 即肌肉注射；SC 即皮下注射；IV 即静脉注射。

通常不会对非常小的啮齿动物进行插管，而是通过气体麻醉面罩给予定量混合异氟烷的氧气，做诱导麻醉。

麻醉维持也通过用麻醉面罩罩住口鼻甚至头部来完成。对于鼠类，还可以使用小型密室来诱导麻醉。用一个大的麻醉面罩紧紧地压在桌子上，将动物整个罩住，就可以作为一个临时的密室。对于维持麻醉，可使用橡皮筋将橡胶检查手套的手掌部分罩住麻醉软管的末端，然后穿一个小孔，将动物口鼻放入小孔内自主呼吸。

心率可以通过儿科听诊器、多普勒血压计（可以直接固定或贴在胸部皮毛上）或利用放置在其脚爪、耳朵或阴囊上的 $SpO_2$ 传感器进行心率监测。很有必要密切观察黏膜颜色（特别是舌头）和呼吸时的胸部运动。循环温水毯、暖风袋、可微波加热的荞麦粒袋和装有温水的检查手套都有助于保持体温。

小型哺乳动物通常不会有明显的疼痛迹象，但这并不意味着不用止痛。疼痛管理可包括作为术前用药的麻醉剂、注射镇痛药（如丁丙诺啡）和口服非甾体药，如美洛昔康。疼痛缓解不足的临床症状包括磨牙、躲藏、精神沉郁和厌食，有经验的兽医师必须能够迅速识别和治疗疼痛。恢复小型哺乳类动物的进食，以免体质虚弱非常重要。

# 常见牙科疾病治疗

## 一、咬合不正

啮齿动物中最常见的牙科问题是咬合不正，导致门牙过度生长，继发舌头卡在牙间；下颊牙过度生长，并在舌上成弓形，妨碍动物摄食吞咽；可见舌头和颊黏膜的软组织撕裂，牙根过长，并可能会出现过多的唾液分泌。

咬合不正可能是由于牙齿的外伤导致部分或全部牙冠脱落，也可能由遗传性疾病（例如下颌骨过窄或过短），营养缺乏（例如未摄入足够粗粮导致牙齿磨损不足、下颌肌肉无力）或行为问题（例如咀嚼笼子）造成。

治疗外伤性咬合不正的方法是用牙钻或锉刀磨平断裂牙齿的边缘以减少软组织损伤。如果牙髓暴露，则去除受感染的组织并用氢氧化钙糊覆盖，再覆盖一层薄玻璃离聚物来治疗牙髓，以及在对侧牙齿上进行常规牙体成形术（为使牙冠高度降低或咬合平整的磨牙），直到断裂的牙齿重新长出。可以通过常规牙体成形术（通常每6~8周一次）治疗非外伤性咬合不齐，尽管通常不能治愈，在拔除受影响的牙齿，改变饮食或行为问题（例如咬笼子或过度理毛）的情况下，可以减少动物的应激源。有关牙成形术和拔牙的详细信息，请参阅项目八部分。

## 二、牙根脓肿

食物或碎屑嵌塞牙间而引起的感染，在牙根尖周围扩散，将导致牙齿断裂、牙髓疾病或牙菌斑相关的牙周病。动物面部肿胀是最常见的临床表现。建议X光摄片确定脓肿是否来自牙齿，如果是，需要确定来自哪颗牙齿。面部肿胀的位置可能会产生误导，因为门牙的根尖可以延伸到豚鼠形啮齿动物的前臼齿和鼠类的第三磨牙之外。由于难以完全去除所有的脓肿组织，永生牙的牙根脓肿通常很难治疗，需要通过多次手术来拔除受影响的牙齿、对脓肿进行外科清创、长期抗生素给药，以及术后营养支持。可以使用小型牙挺或18号针头拔出脓肿的短牙。拔牙部位的牙龈缝合非常困难，通常保持创口开放，等待自愈。

## 三、坏血病

与人类一样，豚鼠不能从葡萄糖中合成维生素 C，因此需要从饮食中补充维生素 C。如果摄入维生素 C 不足，会表现出明显的坏血病症状，包括牙龈出血和牙齿松动，甚至咬合不正。

## 四、颊囊嵌塞和外翻

如果吞食了粘性、干燥或尖锐的材料并且无法从颊囊中将其移出，久之则引起局部不适甚至病变。受影响的颊囊需要人为协助及时清空并用盐水冲洗干净。长期嵌塞会导致口腔炎，可能需要口服抗生素。颊囊也可能外翻，表现为从嘴里突出的粉红色、潮湿的肿块。应还纳颊囊并通过脸颊缝合以防止再次外翻。

## 五、龋齿和牙吸收

高糖或精制碳水化合物的饮食会导致啮齿动物患龋齿，或牙齿吸收，继发牙周炎。拔牙是治疗患牙的首选疗法。如果患牙存在龋损，可以尝试进行牙体成形术（如有必要，还可以覆盖牙髓）。

## 六、牙周疾病

牙菌斑诱发的牙周病会影响短牙冠动物，特别是宠物鼠的牙齿。这些患宠应该注意预防龋齿和拔除感染的牙齿。涉及永生牙的牙周病更有可能是食物或碎屑的嵌塞导致的。

## 七、牙科器械

一套完整的啮齿动物牙科器械包括一个开口器和脸颊扩张器，以确保口腔的充分可视化，以及一个啮齿动物压舌器，以保护舌头和口腔软组织免受外伤。高速牙科车针用于切齿，低速牙科车针用于降低过度生长的前臼齿和磨牙的牙冠高度。如果没有车针，可以使用啮齿动物专用的齿锉。拔牙时，需要拔牙钳，将它们插入被拔牙侧方的牙周间隙中，然后在纵向施加压力的同时保持 20 秒。接着在被拔出的牙齿的近中进行，重复这个过程，直到牙周韧带撕裂并且牙齿可以活动。再使用拔牙钳以摇摆方式将牙齿插入牙槽窝，以撕裂剩余的所有牙周韧带并破坏根尖生发组织以防止牙齿再生。最后，使用拔牙钳将牙齿完全拔出。

其他有用的工具包括放大镜、用于拔除非常小的牙齿的 18 号针头、装有导管的唾液抽吸头（用于从口腔中抽吸液体和碎屑），以及棉花棒（阻止流血、吸收液体并清除口腔中的碎屑）。

# 任务四　饲养管理与居家护理

　　虚弱的患宠或做过口腔手术的患宠可能需要营养支持。可以提供或支持饲喂各种软食,例如 Oxbow 重症监护饲料,这是一种粉末状的食品,可与水混合并从注射器中喂食;酸奶;干草、蔬菜和水在搅拌机中打成的泥。通过将尖端修剪掉一半的注射器来支持饲喂龙猫和豚鼠,1～3 mL 注射器适用于体型较小的动物。适口性差的药物(如恩诺沙星)可与苹果汁或其他果味糖浆混合,以提高适口性。

　　预防咬合不正,需要及时纠正饮食。主人应该将粗饲料作为豚鼠形啮齿动物的主粮,如提摩西干草、新鲜蔬菜和蔬菜。日粮中市售颗粒粮应控制在三分之一以下。豚鼠还需补充维生素 C 以预防坏血病。通常可以通过换大的动物饲养笼子、移除或增加同伴,或增加玩具和迷宫等刺激来减轻宠物压力。咀嚼辅助物,例如木块有助于磨损啮齿类宠物的门牙。

# 其他异宠牙科疾病治疗

## 一、刺猬

刺猬属食虫动物，其口腔解剖结构与其他异宠大不相同。食虫动物的解剖特征包括小、长、窄的鼻子以及比较原始的牙齿结构。刺猬的牙齿具有真正的解剖学牙根，不会连续生长。刺猬具有乳牙，在其 7~9 周龄开始被恒牙所取代。其门齿常被用来钳夹小型猎物，犬齿通常类似于门牙或第一前臼齿。

刺猬的口腔解剖和牙列：

$$2 \times \left\{ \mathrm{I} \, \frac{2\sim3}{1} \ \mathrm{C} \, \frac{1}{1} \ \mathrm{PM} \, \frac{3\sim4}{2\sim3} \ \mathrm{M} \, \frac{3}{3} \right\} = 34\sim40$$

（I = 门齿；C = 犬齿；PM = 前臼齿；M = 臼齿。）

全面口腔检查需要麻醉或镇静，因为刺猬有受到危险时滚成紧密球状的自我保护行为。

宠物刺猬常发牙周病。宠主经常会发现他们的刺猬食欲不振或口腔有难闻异味。常规的治疗方案包括给予抗生素、支持饲喂厌食刺猬以及拔除损伤牙齿。

## 二、蜜袋鼯

蜜袋鼯是原产于澳大利亚和新几内亚的小型夜间有袋动物，以昆虫和树液为食，人工饲养环境下，通常被饲喂市售颗粒粮、高蛋白质类食物（如小老鼠、面包虫、鸡蛋或煮熟的鸡肉）以及水果和蔬菜。

蜜袋鼯的口腔解剖和牙列：

$$2 \times \left\{ \mathrm{I} \, \frac{3}{2} \ \mathrm{C} \, \frac{1}{0} \ \mathrm{PM} \, \frac{3}{3} \ \mathrm{M} \, \frac{4}{4} \right\} = 40$$

（I = 门齿；C = 犬齿；PM = 前臼齿；M = 臼齿。）

尽管可以在早晨它们不活跃时进行保定和检查，但麻醉通常是全面口腔检查所必需的。它们所有的牙齿都有真正的解剖牙根，不会持续生长。食用大量精制碳水化合物的蜜袋鼯可能会发生牙周病。牙齿也可能因咀嚼棒状物品或笼子的金属丝而断裂。建议进行牙科预防性护理和抗生素治疗，拔除牙齿，尤其是长下颌切齿，但应避免造成颌骨骨折。

项目十

# 雪貂常见牙科疾病诊疗

·学习目标·

❶ 掌握雪貂的牙齿以及口腔解剖结构。

❷ 掌握雪貂常见的牙科问题。

❸ 掌握雪貂专用的牙科器械。

❹ 了解雪貂口腔护理知识,可以进行居家口腔护理的宠主教育。

❺ 掌握雪貂牙科影像学摄片操作。

# 任务一 口腔解剖与检查

　　雪貂是属于鼬科的专性食肉动物，其他鼬科动物包括黄鼠狼、水貂和臭鼬。它们是二齿列动物，有一组乳牙，在其9个月龄时换牙。它们的牙列类似于猫的牙列，并且像猫一样，它们的牙齿具有真正的解剖学根部且不会持续生长。

## 一、雪貂的口腔解剖和牙列

$$2 \times \left\{ I \frac{3}{3} \ C \frac{1}{1} \ PM \frac{3}{3} \ M \frac{1}{2} \right\} = 30$$

（I = 门齿；C = 犬齿；PM = 前白齿；M = 白齿。）

　　雪貂有长而窄的扁平头骨，面部区域较短。和猫一样，它们没有第一前白齿。它们也没有上颌第二白齿和下颌第三白齿。上颌第四前白齿有三个牙根。其头骨咬合面及侧视图如图10-1、图10-2所示。

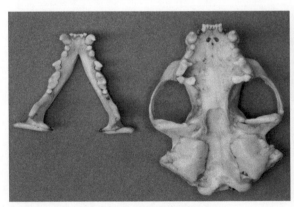

图 10-1　雪貂头骨咬合面

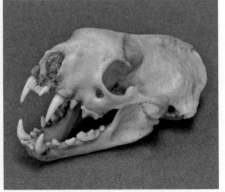

图 10-2　雪貂头骨侧视图

## 二、雪貂的口腔检查

　　通常可以在雪貂清醒时对其进行口腔检查。首先应检查面部是否有不对称、肿胀、眼或鼻分泌物，并触诊下颌淋巴结。然后检查下颌骨和单个牙齿的咬合是否正确，以及是否有任何牙齿断裂、磨损和牙垢堆积。还应检查牙龈和口腔黏膜有无发红、肿胀和口腔肿块。

 **麻醉与疼痛管理**

麻醉前禁食不应超过 2 小时，因为雪貂容易出现低血糖。应在麻醉前或者手术当天进行全面的理学检查（至少包括 PCV 和总蛋白）。使用 1~3 mL 注射器从颈静脉、头静脉或外侧隐静脉采血，然后安置留置针。通过静脉给予乙酰丙嗪、格隆溴铵等术前用药缓解疼痛和减少唾液分泌。可用丙泊酚完成静脉诱导麻醉。即使麻醉诱导完成后，雪貂的下颌肌肉通常也会很紧，但即便如此，插管操作方式与猫类似。使用儿科喉镜观察气管入口，在勺状软骨上喷洒几滴 2% 的利多卡因，或者将利多卡因凝胶涂抹于气管插管末端来代替非药物类润滑剂，使用 2.5~3.0 mm 气管插管。一旦完成气管插管，异氟醚或七氟醚可维持理想的全身麻醉。

图 10-3　麻醉状态下对雪貂进行常规牙齿预防检查

| 用 途 | 药品名 | 剂 量 |
|---|---|---|
| 术前用药 | 乙酰丙嗪 | 0.1～0.2 mg/kg SC、IM |
|  | 右美托咪定 | 0.04～0.1 mg/kg IM |
|  | 格隆溴铵 | 0.01～0.02 mg/kg SC、IM、IV |
| 麻 醉 | 丙泊酚 | 3～6 mg/kg IV |
| 镇 痛 | 美洛昔康 | 0.1～0.3 mg/kg SC、PO |
|  | 丁丙诺啡 | 0.01～0.03 mg/kg SC、IM、IV |

表 10-1 雪貂牙科常用药物剂量

注：IM 即肌肉注射；SC 即皮下注射；IV 即静脉注射；PO 即口服。

通过 $SpO_2$、$ETCO_2$、ECG、多普勒或无创血压、体温、呼吸频率、黏膜颜色等都可以轻松对雪貂进行麻醉监测。

由于雪貂容易体温过低，因此需要特别保持体温。

疼痛管理包括术前使用阿片类药物、术中使用注射剂（如美洛昔康、丁丙诺啡）或恒速输注（CRI）药物，以及通过利多卡因或布比卡因进行牙科局部神经阻滞（见表 10-1）。眶下、下颌和上颌神经阻滞的方法与猫大致相同，局麻药的最大剂量为 2 mg/kg。术后，宠主可以在家中给予口服液体止痛药，如美洛昔康。

## 任务三　宠物雪貂的常见牙科问题

### 一、牙周疾病

　　雪貂牙周病的分期和治疗方式与宠物猫相同。治疗轻度牙垢堆积和牙龈炎需要在全身麻醉的情况下进行完整的专业牙科检查（见图10-4）。中度至重度牙周病不仅需要完整牙科检查，还需要口腔内X光摄片以评估牙周组织的丧失程度，然后才可以进行牙周治疗，例如龈下刮治术和牙根平整术或拔牙。牙周治疗和拔牙的完成方式与犬猫相同，缝合闭合拔牙部位，使用适当的抗生素治疗并进行疼痛管理。

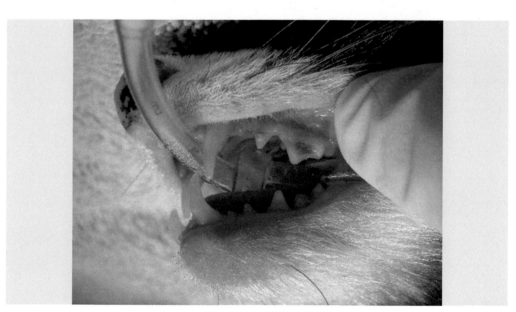

图 10-4　有牙垢堆积和轻度牙龈炎的雪貂

### 二、牙齿断裂

　　牙齿断裂，尤其是犬齿断裂，在雪貂中很常见，因为它爱乱咬笼子、椅腿和儿童玩具。如果骨折暴露了牙髓，则需要进行治疗以预防或消除髓内感染。如果牙髓未暴露，仍应获得X光片以确保导致牙折的外伤不会造成牙髓死亡。雪貂犬齿的牙根比它的牙冠长，这会使拔除断裂但牙周健康的犬齿变得困难。根管治疗可以在这些牙齿上进行，方法就像猫一样，根管治疗让牙齿保持功能的同时，最大限度地减少恢复时间和术后疼痛。

### 三、牙科器械

用于猫的牙周探针、镰刀探针、牙镜、牙龈下刮匙和牙龈上刮匙都适用于雪貂的牙科操作。其他需要的器械包括：牙周骨膜剥离器、牙挺（即拔牙刀）、拔牙钳、根尖挺、持针钳、镊子和小手术刀片（如 #15）。抽吸装置或纱布可用于防止液体和碎屑在手术过程中进入气管。

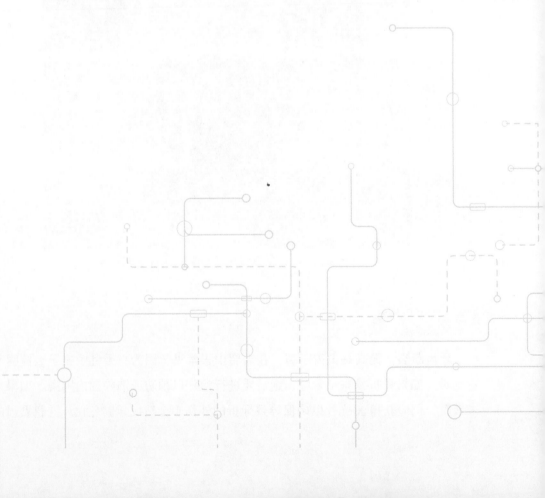

# 任务四　饲养管理与居家护理

　　雪貂是肉食性的，要求较多的动物来源蛋白质以获得必需的氨基酸；食物的 20%～30% 是脂肪。推荐选择符合上述准则的市售雪貂粮。可以提供少量的水果、蔬菜和谷物，但应避免精制碳水化合物。无论喂食干粮还是湿粮，雪貂似乎都会出现牙垢堆积和牙周病。

　　牙齿疾病或牙科术后，可使用注射器支持饲喂高蛋白质罐头，例如 Hill's a/d，直到雪貂能自行进食。大多数雪貂可以承受每天三到四次 8～12 mL 的喂食。类似宠物猫的给药，对宠主来说，一般液体形式相对容易，为药丸或胶囊口服给药比较棘手。

　　为了防止牙周病的发展，可以教雪貂接受日常刷牙。可使用猫用牙刷和宠物牙膏。

# 牙科病患动物出院管理

• 学 习 目 标 •

❶ 学会与宠主有效沟通，介绍动物牙科手术流程。

❷ 正确展示高标准宠物牙科诊疗的价值。

❸ 学会进行宠物口腔保健的宠主教育。

相关手术操作结束，宠物从麻醉中顺利复苏，但完整的牙科护理流程尚未到此结束。宠物牙科助理的工作中一部分重要内容就是培训宠主居家维护宠物的口腔健康。宠主需要了解宠物口腔健康的重要性。

# 任务一　出院管理沟通

## 一、与宠主良好沟通

在兽医学中，我们才刚刚开始探索牙科疾病与宠物整体健康之间的关联。从幼年犬猫第一次来院检查开始，我们有责任在每次宠主来医院时科普此类信息。除了宠物医疗服务本身，与宠主建立良好高效的沟通也是必不可少的，我们需要向他们解释宠物牙科手术的大致流程以及操作细节，无论是在定期随访检查中，还是在出院前讲解居家护理须知时，尽可能利用相关的 DR、X 光片、头骨模型、图表等形象地说明要点，让宠主充分了解宠物牙科诊疗中每个步骤的价值所在，还可以通过解释宠物牙科与人类牙科的异同来帮助他们理解。

## 二、展示宠物牙科诊疗的价值

宠主逐步了解各操作环节的复杂性后，可能会逐渐理解牙科诊疗护理的价值所在。尽可能确保宠主了解牙科手术的每一个步骤，耐心友好以及详尽充分的讲解，能让宠主对相关服务更有信心、更信赖并在后续居家护理中更为配合。耐心的讲解对于宠主的消费行为和信任也是应有的。满意度高的宠主后续往往会推荐新客户或复购相关服务。

宠物牙科学既属于临床兽医学领域，也是预防兽医学的内容。适当的客户教育和正向鼓励，对于促进居家护理以及提高宠主对后续措施的配合程度十分必要。宠主需要理解其在宠物的全面照顾中具有无可替代的作用。优质的医患关系的结果必然是在降低整体医疗费用的同时，收获较为理想的保健效果。

## 三、电话回访

电话回访是与客户建立联系并关心他们如何进行居家宠物口腔护理的重要手段。如果宠主已经开始给予宠物牙科处方饮食，可以利用这些电话提醒他们补充食物。

　　宠主的配合对于预防宠物牙科疾病，特别是预防牙菌斑和牙垢堆积是至关重要的。动物洗牙后，兽医师有责任为宠主提供或推荐一些适于自行给宠物进行口腔护理的工具。所有宠物医院或诊所的牙科服务只是整体牙科保健工作的一部分，全面提升宠物生存生活质量离不开宠主的全力配合。

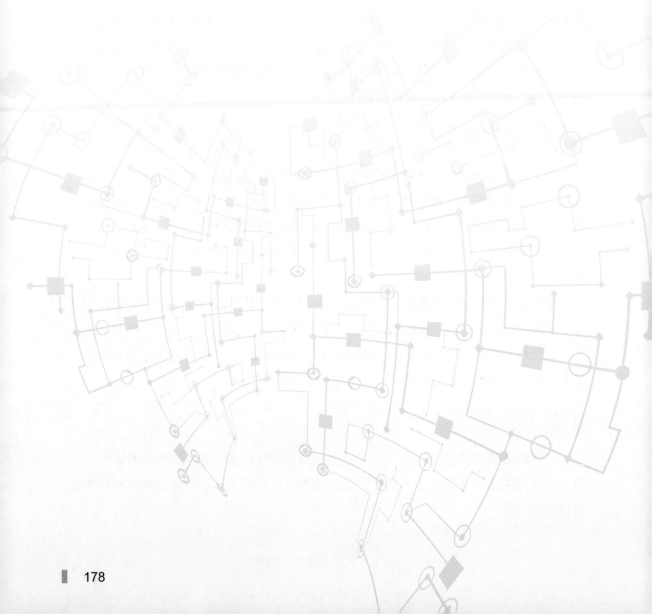

 病历档案管理

## 一、牙科疾病预防治疗出院说明

牙科疾病预防治疗是指为了预防牙周炎，对于没有牙周疾病或有轻度牙龈炎的口腔进行清洁。与复杂洗牙和进行晚期牙周病治疗相比，牙科疾病预防治疗的出院说明涉及的内容更少。

洗牙完成后，需要整理所有必要的信息，以指导居家口腔护理。具体包括：一是宠物手术过程中所做操作的完整描述；二是宠物牙科居家护理的要求；三是个性化制的口腔护理计划。

第一份指南应该包含对牙齿预防治疗所涉及的内容的完整解释。这将帮助宠主了解清洁程序涉及的众多步骤，并让他们相信他们的宠物得到了最高质量的口腔护理。这份指南可以解释注射抗生素、止痛药、静脉输液和麻醉监测的使用。虽然牙科预防治疗不需要使用注射抗生素和止痛药，但医生可能会根据动物的基础情况决定是否开药。所有这些信息都可以在文字处理系统中或医院管理软件上形成一个通用模板。数据一旦被保存，后续被检索调用就很便捷。模板还应包括一个区域，可以在其中插入对口腔检查的结果以及所进行的治疗的描述。

宠物牙科保健数据通常可能会在视觉上让宠主感到惊艳，利用相应的工具，宠主可方便地转发图片。

## 二、牙科手术出院说明

牙科手术不仅涉及口腔清洁，还涉及其他牙科疾病的治疗。在拔牙、口腔手术、牙周、牙髓或正畸治疗后，需要给出具体说明。您还需要概述宠物回家后会有什么样的表现，以及宠主如何确定宠物在手术后是否表现良好。还应向宠主说明如何使用药物、是否需要特殊饮食以及什么时候复查。需要附上医院的联系方式，以便宠主有问题时可以联系。

在拔牙后定期洗牙和实施牙科检查，以便评估口腔和牙龈愈合情况，从宠主那里了解宠物的咀嚼行为和个性是否有变化。利用这段时间强调居家护理的重要性，

并制定复查时间表，监控口腔问题的病程进展。

出院过程中最重要的工作是制定可以纳入宠物日常生活的口腔护理方案。您需要评估宠物个性和主人家庭的配合度，制定方案；需要强调居家护理的重要性，因为其可以更有效减少口腔中的细菌和牙菌斑的累积。

让宠主记得每天给宠物刷牙的方法有很多，像是把宠物的牙刷牙膏放在浴室里，这样每天自己刷牙的时候都会想起来要给宠物刷牙了。

## 三、选择出院环境

不建议在吵杂的环境中给患宠办理出院，确保宠主不会分心。最好留出一个房间，您可以在其中摆放模型、头骨、资料、书籍和相册等。准备一个相册或在医院电脑的文件夹里存放一些数码资料，向客户展示常见牙科问题、治疗方案和牙科手术的图片，效果会很好。当宠主可以看到牙吸收、牙根感染、口腔肿块、阻生牙和乳牙滞留的例子时，会更容易理解牙科 X 光片的重要性。该相册还可用于在牙科手术前后对客户进行培训。有条件的，可以安装一个播放器，演示给宠物刷牙或涂抹口腔凝胶和漱口水的正确方法。

这个讲解出院注意事项的房间里，还可以放置牙刷、牙膏、口腔凝胶、漱口水、处方粮和磨牙棒样品等。在讲解日常护理方案前，介绍每种产品的益处和用途，但对于宠主来说，这些信息量可能太大，无法一时间吸收，需要给他们提供回家后可以继续查看的资料。为了尽量节约纸张，可以提供相关链接或者发送邮件。

您给客户讲解完整个牙科护理流程，给出特殊说明，并回答了所有问题后，才让他们见到自己宠物。如果您一开始就把宠物带出来，它们的注意力会更加集中在宠物上，而听不进去您在讲什么。记得要整理好宠物的毛发，因为牙科操作会导致宠物的脸部周围有大量水分，在宠物复苏期务必清理干净、吹干和梳理整齐，让宠物尽可能恢复来时候的样子。牙科术后，应立即向宠主反馈动物状态。

## 四、复杂牙科手术出院事项

牙科手术可能涉及大型口腔外科手术。这些手术范围更大，需要更长的时间康复。动物需要限制活动，吃流食，并且需要每天定期服用药物。应准确地向宠主解释本次操作后哪些牙齿已被移除或修复，以指导他们在居家护理中避开这些区域。

口腔缝合线需要保持完整，以便牙龈组织正常愈合。建议列出所有需要引起关注的临床异常症状。如果宠物医院非 24 小时营运，应该提供可以随叫随到的兽医师或当地其他急诊诊所的联系方式，以防宠主夜间需要紧急援助。特别是疑难牙科手术后，宠主需要获得更多指导，了解在手术后的最初几天要注意哪些方面以及如果发现异常应该联系的负责人。

讲解时利用好照片和 X 片。在有效的医疗沟通中兽医执业人员必须站在宠主的角度，理解他们的所见所感。回想一下日常生活中自身体验过的还满意的其他行业服务，到底是哪些流程或者细节带来理想的客户体验，甚至让客户觉得物超所值。

价值，特别是服务的价值，通常是通过消费者主观感知衡量的。宠主需要确认兽医服务人员或者团队是值得信任、信赖的，并且后者会做出最符合宠物利益的专业操作。建立良性沟通的方法之一是服务人员花时间和精力创建咨询和反馈流程，确保客户了解进度，特别是当宠物不在宠主视野范围内时，必须以不同方式增加与宠主的互动。比如通过智能手机发送一个简单的实拍图片和文字说明可以帮助宠物主人缓解焦虑，在陌生环境中平静放松。手术前后都是非常适合记录宠物状态，并向其主人汇报的时机。发送之前如有任何不确定或者可疑的问题，可向兽医师咨询，避免低级错误引发宠主的不信任。由于宠物医院是实体业态，任何客户自主发布于社交媒体上，并带有您诊所标签的信息，都有助于后续获客。一些新颖疗法、设备、防护器具等，往往会激起宠主的好奇心。

进行宠主牙科培训时，建议尽量多用图片，如特写镜头或 X 射线照片，向宠主解释牙科问题。图片比较直观，且方便讲解人根据客户情况来自行调整讲解的深度和进度。如果手边缺少事先准备好的图片或者模型，建议手绘。着重说明个性化的医疗信息或者宠物的解剖特征等，着重讲解牙科相关操作前、后的差异，从中指出宠主需要重点注意的部位或区域。除了对比描述，还可以有假设、举例等多种叙述语序，切记多讲客观的数据以及影像，主观观点和学术上存在争议的领域不宜展开。向宠主展示手机或其他数码设备时，请确保无其他无关或者私人信息。

完成相关服务后，宠物医院有义务向宠主发送电邮、链接或售后评价邀请之类的信息，总结本次服务，并提醒居家护理的注意事项以及预约随访日期。

目前牙科放射影像摄片，已成为高质量宠物口腔诊疗的标准。有研究表明，大部分宠物牙科病变发生在牙龈线以下，不能仅靠肉眼观察。美国动物医院协会指南规定，除了在口腔检查中发现异常结果时拍摄特定的 X 光片外，所有宠物都应接受全套牙科 X 光检查以对口腔健康进行基础评估。在任何治疗之前，尤其是在执行会改变宠物口腔的手术时，也需要牙科 X 光片。例如拔牙完成后，X 光片可以确认所有牙根组织都被移除，并且没有对周围的牙齿或骨骼造成损坏。

# 复查随访管理

在任何口腔手术后，应告知客户需要进行跟踪复查随访。复查主要是为了确认宠物牙龈组织正常愈合并且宠物居家表现整体良好。这也是再次评价前次诊疗效果以及宠主居家护理效果的最佳时机。

## 一、预防性保健

很多宠主很在意诊疗费用，建议每次涉及费用问题时，趁机宣传日常预防性保健是避免后续高额牙科诊疗的有效手段，比如坚持刷牙。当然有些犬猫很难接受每天数次刷牙，要为宠主推荐替代品，例如刷牙指套、口腔凝胶、漱口水、牙科护理饮食和牙科保健咀嚼物，多种方法相结合，以保护宠物口腔免受有害细菌侵害。日常预防牙菌斑积聚，从而防止牙垢的形成，可有效减少牙周病的影响并节省后续诊疗花销。

## 二、客服职责制定

客服人员需耐心、虚心地收集客户反馈和建议，重视宠主的求助或提问，跟进相关口腔保健或整体保健。客服的职责包括，定期浏览相关病例的后续产品消费情况和预约随访日期。注意一些重要的时间节点，电话联系客户前，需要充分了解宠物的资料。新一代宠主可能偏好其他的联系方式，应客户而变，以客户为中心。

通常最困难的部分是让宠主坚持每天为宠物做口腔保健。已知有害细菌在洗牙后数小时内开始重新附着在牙釉质上，因此必须尽快开始口腔护理程序。就像人类一样，刷牙和使用牙线的次数越多，牙齿相应就会越干净。建议他们把相关口腔护理产品放在每天都能看到的地方，比如他们自己的牙刷旁边、宠物的食物旁边或宠物的牵绳旁边，或每日在电子设备上设置提醒事项。如果宠主已经在日常护理方面做得很出色，经常给予鼓励并积极邀请他们跟其他家长分享经验，交流心得。

### 三、牙科病患宠物复诊

通常建议宠物每 6 ~ 12 个月进行一次牙科检查。是否需要洗牙取决于宠主在家提供口腔护理的频率、宠物的日常饮食以及不同品系的遗传特征。如做好日常居家口腔护理，比如坚持刷牙，完全可以降低洗牙的频率。

预防为主的理念完美地适用于宠物牙科学。复查随访不仅利于检验居家口腔护理的效果，而且利于尽早诊断可能的宠物牙科异常。

如果宠物医院可以提供免费或低价的牙科检查，将鼓励宠主更高频地携带宠物检查 / 复查以免延误病情。养宠经验丰富的宠主已经知道，预防牙病远比治疗牙病更划算。早期牙病处理起来创伤更小，需要的麻醉时间也相应更短。

宠物医院的牙科科室应该制定一个日常规程，为接受牙科治疗术的动物进行随访预约排期。易患牙周病的动物应提高随访频率，比如每季度检查一次，这样发现牙周病的早期迹象时，就有机会进行有效干预。居家口腔护理效果比较理想的宠物，则每 6 ~ 12 个月检查一次即可。

每次随访也应包括问询宠物的居家表现，特别是宠主观察到的或者监控探头记录的，包括进食和咀嚼行为异常。应鼓励宠主知无不言，这也是对宠主加深了解的契机。努力与宠主构建长期的良性互动的纽带，可不单单保健口腔健康，也可促进宠物整体健康的提升，帮助宠物活得更久更健康。

# 参 考 文 献

［1］伯伊德. 犬猫临床解剖彩色图谱［M］. 董军，陈耀星，译. 北京：中国农业大学出版社，2007.

［2］REITER A M，GRACIS M. 犬猫牙科与口腔外科手册［M］. 田昕旻，罗亿祯，译. 中国台湾：狗脚印出版有限公司，2020.

［3］EVANS H E，LAHUNTA A D. 犬解剖指引［M］. 黄勇三，译. 中国台湾：台湾爱思唯尔有限公司，2012.

［4］卡罗尔. 小动物麻醉与镇痛［M］. 施振声，张海泉，译. 北京：中国农业大学出版社，2014.

［5］VERSTRAETE F J M，LOMMER M J. 犬猫口腔颌面外科［M］. 张欣珂，周彬 译. 武汉：湖北科技技术出版社，2021.

［6］塔特. 小动物牙科技术图谱［M］. 刘朗，译. 北京：中国农业出版社，2012.

［7］HOLMSTROM S，BELLOWS J，COLMERY B，et al. AAHA dental care guidelines for dogs and cats［J］. Journal of the American Animal Hospital Association，2005，41：277-283.

［8］WILKINS E M. Clinical Practice of the Dental Hygienist［M］. Philadelphia，USA：Lippincott Williams & Wilkins，2009.

［9］GEHRIG J S，SRODA R，SACCUZZO D. Fundamentals of Periodontal Instrumentation and Advanced Root Instrumentation［M］. Philadelphia，USA：Lippincott Williams & Wilkins，2008.

［10］MITCHELL P Q. Periodontics in the practical veterinarian：small animal dentistry［M］. Boston，USA：Butterworth Heinemann，2002：59-103.

［11］WIGGS R B，LOBPRISE H B. Dental equipment in veterinary dentistry：principles and practice［M］. Philadelphia，USA：Lippincott Raven，1997：1-28.

［12］HOLMSTROM S. In veterinary dentistry for the technician and office staff［M］. Philadelphia，USA：WB Saunders，2000：159-181.

［13］HOLMSTROM S E, FROST F P, EISNER E R. In veterinary dental techniques for the small animal practitioner［M］. 3rd ed. Philadelphia, USA: WB Saunders, 2004: 30–129.

［14］American Veterinary Dental College. Abbreviations for use in AVDC case logs［EB/OL］.［2023–01–22］. https://avdc.org/wpcontent/uploads/2019/08/abbreviations.pdf(accessed March, 2020).

［15］HOLMSTROM S. In veterinary dentistry for the technician and office staff［M］. Philadelphia, USA: WB Saunders, 2000: 1–22.

［16］KESSEL L M. Performing the dental prophy in veterinary dentistry for the small animal technician［M］. Ames, USA: Iowa State University Press, 2000: 81–99.

［17］NEWMAN M G, TAKEL H H, CARRANZA F A. Carranza's clinical 192 Pathology［M］. 9th ed. Philadelphia, USA: Lippincott Williams & Wilkins, 2002.

［18］GORREL C. Oral examination and recording in veterinary ventistry for the general practitioner［M］. Philadelphia, USA: Elsevier, 2004: 47–55.

［19］WIGGS R B, LOBPRISE H B. Oral anatomy and physiology in veterinary dentistry: principles and practice. Philadelphia, USA: Lippincott Raven, 1997: 55–86.

［20］LOBPRISE H B. Oral exam and charting in blackwell's five minute consult clinical companion small animal dentistry. Ames, USA: Blackwell Publishing, 2007: 3–13.

［21］HALE F. Focus on: gingival hyperplasia［EB/OL］.［2023–01–22］. http://toothvet.ca/PDFfiles/gingival_hyperplasia.pdf.

［22］AMERICAN VETERINARY DENTAL COLLEGE. Tooth mobility［EB/OL］.［2023–01–22］. https://avdc.org/avdc nomenclature/.

［23］AMERICAN VETERINARY DENTAL COLLEGE. Furcation involvement/exposure［EB/OL］.［2023–01–22］. https://avdc.org/avdc nomenclature/.

［24］HOLMSTROM S. The oral exam and disease recognition in veterinary dentistry for the technician and office staff［M］. Philadelphia, USA: WB Saunders, 2000: 23–64.

［25］LOBPRISE H B. Tooth resorption: feline. In blackwell's five minute consult clinical companion small animal dentistry［M］. Ames, USA: Blackwell Publishing, 2007: 309–313.

[26] GORREL C. Common oral conditions. In veterinary dentistry for the general practitioner [M]. Philadelphia, USA: Elsevier, 2004: 69-85.

[27] HALE F. Dental caries [EB/OL]. [2023-01-22]. www.toothvet.ca/PDFfiles/DentalCaries.pdf.

[28] HOLMSTROM S. Dental instruments and equipment. In veterinary dentistry for the technician and office staff [M]. Philadelphia, USA: WB Saunders, 2000: 65-98.

[29] GORREL C. Periodontal disease. In veterinary dentistry for the general practitioner [M]. Philadelphia, USA: Elsevier, 2004: 87-110.

[30] ROUDEBUSH P, LOGAN E, HALE F A. Evidence based veterinary dentistry: a systemic review of homecare for prevention of periodontal disease in dogs and cats [J]. Journal of Veterinary Dentistry, 2005, 22: 6-15.

[31] HALE F. The owner animal environment triad in the treatment of canine periodontal disease [J]. Journal of Veterinary Dentistry, 2003, 20: 118-122.

[32] HOLMSTROM S. Home care instructions. In Veterinary Dentistry for the Technician and Office Staff [M]. Philadelphia, USA: WB Saunders, 2000: 65-98.

[33] BELLOWS J. Clinical effectiveness of sodium hexametaphosphate in the important role of canine calculus reduction [EB/OL]. [2023-01-22]. https://s3.amazonaws.com/assets.prod.vetlearn.com/4c/63ee70296811e0a58a0050568d634f/file/VT10044%20Hartz%20White%20Paper%207281.pdf.

[34] VETERINARY ORAL HEALTH COUNCIL. Products currently awarded the VOHC seal [EB/OL]. (2010-08-29) [2023-01-22]. www.vohc.org/accepted_products.htm.

[35] BERG M. Educating clients about preventative dentistry [J]. Veterinary Technician, 2005, 26: 103-111.

[36] WIGGS R B, LOBPRISE H B. Periodontology. In Veterinary Dentistry: Principles and Practice [M]. Philadelphia, USA: Lippincott Raven, 1997: 186-231.

[37] PEAK M. Marketing veterinary dentistry: creating value [C]//Florida Veterinary Medical Association Convention. USA: Florida, 2008.

[38] HARTSFIELD S, PADDLEFORD R. Manual of Small Animal Anesthesia, 2nd ed [M]. Philadelphia, USA: WB Saunders, 1999.

［39］STEPANIUK K，BROCK N．Anesthesia monitoring in the dental and oral surgery patient［J］．Journal of Veterinary Dentistry，2008，25：143-149．

［40］BELLOWS J．Small Animal Dental Equipment，Materials and Techniques［M］．Ames，USA：Blackwell，2004．

［41］HOLMSTROM S．Veterinary Dentistry for the Technician and Office Staff［M］．Philadelphia，USA：Elsevier Health Sciences，2000．

［42］KO J．New pain management techniques［J］．The NAVTA Journal，2008：35-39．

［43］BECKMAN B．Pathophysiology and management of surgical and chronic pain in dogs and cats［J］．Journal of Veterinary Dentistry，2006：23-58．

［44］BECKMAN B．Regional nerve blocks key to delivering quality dental care［J］．DVM Newsmagazine，2007（9）：2S-5S，7S．

［45］李彩虹，何文．宠物犬牙齿疾病的防治对策［J］．今日畜牧兽医，2017（3）：39-40．

［46］张一祥．解读罗威纳犬的牙齿［J］．中国工作犬业，2011（6）：50．

［47］邬胜利．如何清洁犬牙齿［J］．中国工作犬业，2010（12）：49．